SCIENCE AT YOUR SIDE
科学在你身边

盛文林文化◎编

# 20世纪最伟大的 科学发现

利用身边自然科学资源，培养学生科学创造能力。
以学生兴趣和内在需要为基础，
充分挖掘身边资源，
提高学生的综合素质能力。

延边大学出版社

**图书在版编目（CIP）数据**

20 世纪最伟大的科学发现 / 盛文林文化编著. —延吉：延边大学出版社，2012.6（2021.4 重印）
（科学在你身边系列）
ISBN 978-7-5634-4918-7

Ⅰ．①2… Ⅱ．①盛… Ⅲ．①科学发现－普及读物
Ⅳ．①N19-49

中国版本图书馆 CIP 数据核字（2012）第 123336 号

## 20 世纪最伟大的科学发现

编　　著：盛文林文化
责任编辑：李东哲
封面设计：映像视觉
出版发行：延边大学出版社
社　　址：吉林省延吉市公园路 977 号　邮编：133002
电　　话：0433－2732435 传真：0433－2732434
网　　址：http://www.ydcbs.com
印　　刷：三河市祥达印刷包装有限公司
开　　本：16K 155 毫米 ×220 毫米
印　　张：11 印张
字　　数：120 千字
版　　次：2012 年 6 月第 1 版
印　　次：2021 年 4 月第 3 次印刷
书　　号：ISBN 978-7-5634-4918-7
定　　价：36.00 元

# 前言

　　创新是自然科学研究的重要手段和目标，但是在自然科学领域，一切的创新都是来源于科学发现。所谓科学发现是指科学活动中对未知事物或规律的揭示，主要包括事实的发现和理论的提出。

　　科学发现是一切科学活动的直接目标，而且重要事实或理论的发现也是科学进步的标志之一。这两类发现又是互相联系、互相促进的。例如，19世纪末20世纪初，电子、X射线、放射性等的发现促成了原子结构和原子核理论的建立，而后者又推动了各种基本粒子的发现，为粒子物理学的诞生做好了准备。

　　重大的科学发现，特别是重大理论的提出，往往构成某一学科甚至整个科学的革命。科学理论的发现是创造思维的结果，它往往依赖直觉、想象力的作用，因此与科学家的文化素养、心理结构甚至性格特征等复杂的个人因素有关，有时还具有很大的偶然性。但这并不意味科学发现毫无规律性可循。科学史上有大量所谓"同时发现"的记载，说明任何发现归根结底都是在一定社会文化背景中的社会实践和科学自身需要的产物，特别是事实的发现往往直接受到社会生产水平和仪器装置制造技术的制约。因此，科学发现在科学发展的总进程中是必然的，合乎规律的。它具有自己的"逻辑"，有人还明确地称之为科学发现的逻辑。这种逻辑有别于单纯从事实归纳出理论

或者从理论演绎出事实的形式逻辑。科学史上还有许多影响重大的科学发现模式，如培根的逐级归纳上升模式等。

一般来说，我们把科学发现分为四类：

1. 现象性发现：是指那些能够利用实验把发现的现象予以再现的科学发现，这类发现比较容易得到证明和社会认可。

2. 存在性发现：是指那些发现人们过去未知的事物，这种事物发现以后，需要发现者对其进行命名，并探测其性质；此类发现也是可以通过实验得到证实的发现。

3. 规律性发现：是指能够解释某种现象，并且在同类现象中能够得到印证的发现，此类现象能够经得起实验的验证，是科学进步的重要标志之一。

4. 纠正性发现：是指发现了某种前人认识的错误，常是存在性发现和规律性发现的纠正，此类发现也是可以得到实验验证的。然而，随着科学的发展，纠正性也随着人们的认识水平和时代的不同而再纠正，这就是科学的发展。

本书主要对20世纪影响人类发展和自然科学进程的重大科学发现进行介绍，希望能够帮助同学们对上世纪的科学发展和进步有所了解。

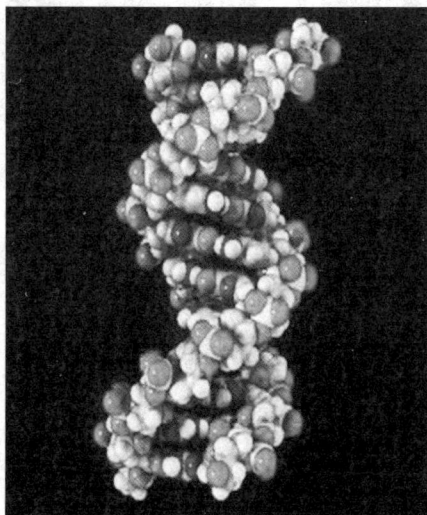

## 物理发现

# 物理发现

WU LI FA XIAN

　　20世纪的物理学有长足的进步，也对人类的思维方式和社会发展做出了重要影响。相对论、量子力学和它们相结合产生的量子场论，从根本上改变了人类对时空和宇宙万物的看法，使人们从绝对时空观变为辩证的相对时空观；物理学带动了化学、天文、材料、能源、信息等学科的发展，为生物、医疗、地学、农业提供了强大的探测手段和研究方法；物理学推动了高技术产业的发展，引发了以微电子、光电子和微光机电技术为核心的工业革命，由物理学研究衍生的新技术和新产品层出不穷，从根本上改变了人们的生产方式和生活方式。

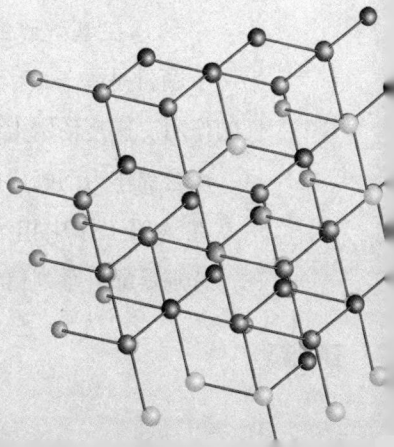

## 放射性本质的发现

19世纪末，贝克勒耳、居里夫妇发现的放射性现象在世界科学界引起了巨大的震动。这种特殊的射线是从哪里来的？它是由什么构成的？人们非常渴望有谁来揭开这一科学现象的神秘面纱。于是科学家们纷纷行动起来，开始探索和研究放射性的本性，其中英国物理学家卢瑟福取得了最辉煌的成就。

1897年，卡文迪许实验室主任汤姆生教授在研究阴极射线性质的过程中发现了电子，这是人类有史以来认识的第一个亚原子粒子，电子的发现揭开了人类研究物质更深层次的序幕。卢瑟福由此看到，明天科学的发展就在于今天对于微观世界的了解，这一认识使得卢瑟福从科学的应用方面转到科学的基础研究上。

卢瑟福在基础研究上接触到的第一个题目是关于X射线对气体导电性的作用。这是汤姆生教授的研究项目，卢瑟福作为汤姆生的研究生和助手，在这项工作中担当了重要的角色，特别是那一系列精密的实验仪器

**卢瑟福**

的设计和制作，许多实验方案的提出和实施，无一不表现出卢瑟福的天才和智慧。由于他出色的工作能力，1898年在汤姆生的推荐下，卢瑟福到加拿大的麦克吉尔大学任教授。

1896年2月，法国物理学家贝克勒耳发现了铀的放射性。此后不久，在居里夫妇等人的努力下，放射性越来越强的元素钍、钋、镭等被相继发现。消息传到远在北美的加拿大，卢瑟福如获至宝，他立即停下正在进行的其他工作，开始研究放射性的种类、性质和本性。

卢瑟福从铀的辐射入手，并采用了与研究X射线对气体导电作用的类似方法，把两块面积各为20平方厘米的锌板平行置放、间隔4厘米，在一块板上均匀涂上粉末状的放射性铀化合物，在另一块上接上电流计。当两块板接上电源后，由于铀辐射对空气的电离作用，两板之间的空气变得导电，这样通过电流计的读数便可知道在辐射作用下气体的导电量。

接着，卢瑟福在两板之间逐次放置多层厚度0.0005厘米的铝箔，研究辐射穿过金属层后的衰减情况。卢瑟福发现，放第三层铝箔时，电流计的读数变化缓慢，但当放上第四层时，电流计的读数突然下降到原来的1/20。再逐次加放铝箔一直到20层，电流计读数的变化始终不大。辐射强度在第四层前后为什么会发生突变呢？

卢瑟福认为一定是铀辐射的成分在这一层前后发生了变化，即铀辐射中有着不止一种的射线，而某一种射线在经过第四层时被吸收了，而其他成分的射线则依然存在。为了简单起见，卢瑟福用希腊文"alphabeta……"的头几个字母的读法，把那种容易被吸收掉的射线称为"alpha"，而其余的称为"beta"，即"α"和"β"射线。其后不久，卢瑟福和法国科学家维拉德又同时发现铀辐射中还有一种比β射线穿透本领更强的射线，并由卢瑟福命名为"γ"射线。

卢瑟福发现α、β、γ三种射线是当时科学界最重要的事件之一，然而卢瑟福对此并不满足。关于三种射线他要做的事情还很多，首先是查清楚它们的身份。当时许多科学家已进入这一研究领域，首先是放射性的发现者贝克勒耳证明β射线可以在静电场中偏转，其行为与阴极射线一致，并由此确定β射线就是速度很高的电子流。

但对α射线，其他人就重视不够，认为它在电场、磁场中毫无反应，穿透性弱且不能使照像底片曝光，似乎无关紧要。但卢瑟福始终坚持对α射线的研究，1902年他用8000高斯的强磁场、15000伏/厘米的强电场，分别实现了α射线在磁场、电场中的偏转，证明了α射线是一种带正电的粒子流，并测定出其电荷与质量的比值为氢的一半，速度为光速的1/10。1908年，卢瑟福又用光谱方法证明α射线是氦的原子核，它带有铀辐射全部能量的98%。

而γ射线的确认则更为困难，直到1914年，卢瑟福才肯定它是类似于X射线的电磁波。

三种射线的发现以及它们身份的确定，彻底改变了人们对于传统物理学的认识，而卢瑟福则从更深的层次上去探索放射性的本性。

在大量实验事实的基础上，卢瑟福对放射性的产生提出了当时最令人满意的解释：所有放射性变化都可以看作是一种物质由于放出射线而同时生成另一种物质的过程。当然，今天对放射性本性的认识比卢瑟福的解释更为全面和准确：放射性是发生在原子核内的事情，在自然界中，大多数的原子核是不稳定的，当原子核由不稳定状态向稳定状态转变的过程中，就以放出不同粒子的方式释放能量，并且由此形成放射性，产生出α、β、γ三种射线。

接着卢瑟福开始研究放射性的规律，他首先提出了一个重要概念：半衰期，即某种元素的辐射能力衰减到初值一半时所用的时间。这样对放射性的描述就有了定量性，物理学也第一次有了"寿命"的概念。而卢瑟福把铀、钍、镭的衰变过程分为几个阶段，绘制出这些元素衰变家族的图谱，从图谱上就可清楚地知道某种放射性元素经过什么过程、经过多长时间衰变成什么元素。从图谱上对某一元素上溯，也能查到它的祖先和根系，而对其追踪就可知道它的子孙后代和最终结局。

放射性衰变理论是现代物理学的重要组成部分，在科学上具有极其重要的应用价值。在考古中，利用放射性衰变理论可以推算出生物死亡的年代。同样，科学家用这一理论解决了地球、月球和许多宇宙天体的年龄、太阳的寿命及各种矿石的生成年代等重大科学问题。

由于放射性现象伴随着原子核的变化，原子核能够自发地由一种变为另一种，从理论上讲就能用人为的方法使一种元素变为另一种元素。卢瑟福在人类历史上首次成功地分裂了原子，使元素氮转变为另一种元素氧。20世纪30年代初，卢瑟福与他的两个学生瓦尔顿和科克拉夫特设计了一架巨型原子捣碎机，并用这一设备把轻金属锂变为氦。

1932年，卢瑟福在英国皇家学会公开了他们改变元素的成就之后，立即轰动了舆论界。报纸以大标题报道："原子分裂了""现代社会有

了炼金术士"，而商业报纸则大声呼喊："黄金即将被制造，货币很快贬值"。

卢瑟福是一位伟大的物理学家，他在原子核、放射性等许多物理学领域有着卓著的成就，但他在科学上获得的最高荣誉却是1908年诺贝尔化学奖。在瑞典皇室招待他的宴会上，卢瑟福风趣地讲了这样一段话："我曾处理过多个时期的许多不同的变化，但我遇到的最快变化则是一瞬间自己由一个物理学家变成一个化学家。"

## 光电效应和光量子论

光电效应是指在光的作用下从物体表面释放电子的现象，确切地说，这个现象应该叫作光电发射效应。

1887年，赫兹在进行电磁波实验时，发现一个意外现象：电极之间的放电，会受光辐射的影响。当时，他用的是两套放电电极，一套产生电振荡，发出电磁波，如右图中的A；另一套当作接收电极，如右图中B。接收电极的放电间隙可随意调节，它的最大放电间隙即可表示信号的强度。

为了便于观察放电火花，赫兹用暗箱把接收电极的回路盖起来。有一次赫兹发觉接收回路盖住后，最大火花长度明显变小了。他没有放过这一偶然现象，潜心地研究起来，想找到出现这一现象的原因。于是，他陆续挪开暗箱的各个部分，直到证明这个效应是由于箱体有一部分挡住了原回路和次回路之间的通道。然后，他用各种材料挡在通道上试验，发现导体和非导体作用相同，证明不是由于静电或电磁的屏蔽作用。

赫兹用各种透明和不透明的材料放在通道中进行试验，发现能透光的玻璃仍然起隔离作用，判定光的因素应该排除；再以岩盐、冰糖、明矾等物放在通道中，发现虽然有程度不同的隔离作用，却基本上是透明的，最好的是水晶和透明石膏，几乎完全不影响放电。几厘米厚的水晶都不起隔

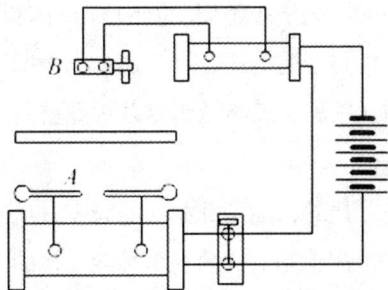

赫兹的光电效应实验示意图

离作用。只有紫外光才能很好地透过水晶，可见，影响放电的是紫外光。

他再用紫外光照射放电的负电极。效果比照射正电极显著得多，说明负电极更易于放电。赫兹是一位工作非常谨慎的物理学家，他不轻率对现象作解释，只是如实在论文中作了记载，这篇论文题为《紫外光对放电的影响》。

赫兹本人对他的发现并没有继续研究，但这一现象却引起其他科学家的极大兴趣。赫兹的助手勒纳于1889年开始这方面的研究，他先认为这一现象是由阴极射线引起的，但到1894年用实验证明这种看法并不符合实际。

1899年，发现电子的英国物理学家汤姆生用磁偏转法测定从电极放出的火花是由与阴极射线相同的一类带电粒子组成。在汤姆生的启示下，1900年勒纳用类似的方法测出了这种带电粒子的荷质比，其值与电子的荷质比一样，勒纳认为这种火花就是光电流。

接着，勒纳开始新的研究，试图找出产生光电流的基本规律。他的实验从L发出的光照在铝电极U上，E是阳极；反向电压加在E、U之间，使

E的电位低于U，起着遏止电子的作用；E极中间挖了一个5毫米的小洞，电子束穿过洞口打到集电极α上，再由静电计测量。勒纳的实验告诉人们，赫兹的发现实际上是在光的作用下，电子从金属表面的发射现象，应称之为光电效应。

在取得光电效应的实验证据后，科学家开始对其进行理论分析。但一直未得到令人满意并信服的解释。

1905年，爱因斯坦发表了一篇题为《关于光的产生和转换的一个启发性观点》的文章，提出光量子论。他在文章中论述到："光是一定波长的电磁波，光在传播过程中具有波动性，但是光的能量并不是均匀分布在波阵面上，而是由个数有限的、局限于空间各点的能量子——光量子——所组成，每个光量子携带的能量为$h\nu$，其中h指普朗克常量，$\nu$指光的频率。当光照到金属上，金属中的电子要么吸收一个光量子，要么完全不吸收。如果光量子的能量$h\nu$大于金属表面对电子的逸出功，电子就能脱离金属表面。由于电子吸收两个光量子的概率极小，更不要说电子有可能吸收多个光量子积累能量，因而光

量子的能量hv小于一定值时，无论多么强的光都不能使电子逃逸金属表面。"

根据这一观点，爱因斯坦给出了著名的光电效应方程：

$$E_K = h\nu - W_0$$

其中，h为普朗克常量，$\nu$为入射光频率，W为逸出功，$E_K$是光电子的最大初动能。

光电效应方程不但解释了电子的最大速度与光强无关，还预言了遏止电压U与光的频率$\nu$之间的线性关系。

爱因斯坦以全新的物理观念解释了光电效应表现的一切现象，可是，当时这个理论不是出自于某个大物理学家，而是一个年仅26岁的专利局小职员那里，因而没有得到科学界的承认，即使相信量子论的一些物理学家包括普朗克本人也对此持反对态度。爱因斯坦的理论需要实验的证实，然而他却没有任何的实验条件并且也不擅长于实验。

爱因斯坦的文章发表后。光量子理论得到美国芝加哥大学的密立根教授的高度重视。从1905年起他就开始从事光电效应的定量研究，以证实爱因斯坦的理论正确与否。

密立根正在做实验

密立根教授是一位具有非凡才能的实验物理学家，但是验证爱因斯坦理论的实验太难了，甚至超过了他测定电子基元电荷的工作。在经过较长时间的考虑之后，密立根认为实验的关键是如何清除金属表面的氧化层，因而他设计的整个实验都是在高度真空的条件下进行的，并且依靠他独创的"真空机械车间"使实验获得圆满成功。但是，这项伟大的工作花费了密立根教授近十年的心血。

实验由三个待测Li、Na、K金属圆柱体被固定在小轮W上，用电磁铁可以使小轮转动。刮刀K可沿管轴方向前后转动，外边的电磁铁F可使里面的衔铁M和M动作从而使刮刀转动。实验开始时，将金属圆柱对准刮刀再与之接触，当刮刀转动时就能将金属表面刮掉极薄的一层。在刮刀移开后再转动金属圆柱至合适位置开始实验，入射光来自于窗口O，当然还有复杂的外部设备。

从1907年至1912年的五年间，密立根教授不断发表这项工作的消息，最后的实验结果是1914年首次报告于美国物理学会学术会议。密立根的实验相当成功，精确的数据表明爱因斯坦的光电效应方程的主要内容是正确的。这不但使得光量子理论和光电效应方程得到科学界的广泛承认，也使得爱因斯坦因此荣获1921年诺贝尔物理学奖，而且密立根教授也因为这项工作及测量出电子基元电荷而获1923年诺贝尔物理学奖。

爱因斯坦的光量子理论及光电效应方程有着极其重大的科学意义。首先，它变革了人们思想上根深蒂固的经典观念，认识到物质微观世界的能量是离散式的而不是连续的。这一认识直接导致现代物理学的诞生，并使20世纪的科学进入一个崭新的时代。

爱因斯坦光电效应方程的实验验证使得光量子不仅成功出现于物理理论，更使其成为真实的客观实体。光量子的真实性为自牛顿时代以来争论不休的光的本性问题做出了最终裁决：光既是波动又是粒子，具有波粒二象性。这一发现也掀开了量子力学的序幕。

对于今天的科学技术来说，光电效应的重要性也日益增大，由光电效应发展而成的光电子发射谱术已成为实验物理学最先进、最富有成就的领域之一。这种科学手段在探测原子、分子、固体和金属表面的电子结构方面起着极其重要的作用，有力地促进了材料科学、半导体科学的飞速发展。

除了在高科技领域大显身手外，根据光电效应原理制成的各种各样的光电管正在走进我们的日常生活，并不断改善与提高着我们的生活质量。

测到在质子和反质子相互湮灭时，粒子团之间存在的微弱的相互作用，就能间接地证明暗物质存在。科学家们猜测，宇宙间90%的物质是由神秘的暗物质组成。

## 光的波粒二象性

光一直被认为是最小的物质，虽然它是个最特殊的物质，但可以说探索光的本性也就等于探索物质的本性。事实上，在人们对物理光学的研究过程中，光的本性问题一直是焦点之一。

关于光的本性的争论，笛卡儿曾提出了两种假说。一种假说认为，光是类似于微粒的一种物质；另一种假说认为光是一种以"以太"为媒质的压力。

从此，光的波动说与微粒说之争就宣告开始了。

19世纪中后期，菲涅耳等人的研究证明了光具有波动性，人们对此深信不疑，波动说已经取得了决定性胜利。光的波动性的发现在科学上具有极其重大的意义，现代光学的主要理论大部分都是建立在光的波动性学说上。人们设计光学元件、制造光学仪器时无一不考虑光的波动性。光的波动理论指出，任何光学仪器的分辨本领都与所使用的照明光的波长有关。波长越短，光的波动性的表现——衍

笛卡儿

射效应越弱，分辨本领越高。今天我们使用的电子显微镜就是据此制造的，由于电子的波长只有普通光波波长的千分之一，因而电子显微镜的分辨本领就比光学显微镜高一千倍。

但是从19世纪末到20世纪初，光的波动说遇到了危机。科学家在研究光压、黑体辐射、光电效应及X射线散射等问题时发现，光的波动说对许多科学现象根本无法解释。以至于像普朗克、爱因斯坦、康普顿等许多著名物理学家不得不再次提出光是一种微粒流。

光到底是波动还是微粒，科学家

始终无法给出定论，光的本性成了科学家面前最棘手的难题。1905年，爱因斯坦提出了光电效应的光量子解释，人们开始意识到光波同时具有波和粒子的双重性质。在一些场合尤其是涉及到光的吸收和辐射问题时，单个光子无疑会明显地具有微粒性。但我们平常看到的是大量光子的集体行为，光子出现的概率确实按照波动说的预言来分布，因而光就明显地呈现出波动性。

1921年，康普顿在试验中证明了X射线的粒子性。1927年，杰默尔和乔治·汤姆森在试验中证明了电子束具有波的性质。同时人们也证明了氦原子射线、氢原子和氢分子射线具有波的性质。

在新的事实与理论面前，光的波动说与微粒说之争以"光具有波粒二象性"而落下了帷幕。

光的波粒二象性的发现以及人类对光的本性的认识，是科学史上最困难的事情之一，从牛顿最初的两种假设开始，波动性和粒子性之争直到20世纪初才以光的波粒二象性告终，前后共经历了三百多年的时间。在这期间，反反复复、争执不断，牛顿、惠更斯、托马斯·杨、菲涅耳、普朗克、爱因斯坦等多位著名的科学家先后成为这个论战双方的主辩手。正是他们的努力揭开了遮盖在"光的本质"外面那层扑朔迷离的面纱，也使得光的本性的发现过程成为人类科学发展史上最美好的回忆之一。

## 光具有压力

太阳光照到人身上有压力吗？科学家们回答"有"，只不过由于人体感觉器官的限制而感觉不到。那么什么是光压呢？顾名思义，光压就是指射在物体上的光所产生的压力。

19世纪60年代，英国物理学家麦克斯韦创立了电磁理论，并指出光的本质是电磁波。麦克斯韦还预言：光射到物质表面时，将对这一表面施加压力。为了证实光压的存在，不少物理学工作者都扑到这项科学研究上来。

1901年，俄国物理学家列别捷夫设计了一个实验，首次发现光压，并且测量了数据。他发现，如果在光线射出的道路上拦上一块微小的轻金属片，这块金属片就会朝光线射出的方向运动。

列别捷夫

量的。所以光在达到物体上时，根据动量定理，会对此物体产生一定的压力。大量光子长时间作用就会形成一个稳定的压力。

1907年，列别捷夫又测出了光对气体的压力，光压的发现与证实，是对光量子假说的一个极其有力的支持。

## 超导现象

他专门制造了一台灵敏度极高的扭力仪，这台仪器在测量光压时可以消除辐射计效应和气体对流的影响，列别捷夫成功地测得的光压与理论预言的完全相符，证实了麦克斯韦的预言。与此同时，美国物理学家尼科尔斯和哈尔也分别用精密实验测定了光的压力。

"光压"的发现报道以后，引起了科学家们兴趣，使人们意识到光是具有动量的，从物理学的角度讲，物体的动量等于它的质量与速度的乘积，对于光来讲，它具有质量和速度，说明它是一种粒子流，是有能

1911年，荷兰莱顿大学的卡末林·昂纳斯在研究氦的低温液化时意外地发现，将汞冷却到-268.98℃，汞的电阻会突然消失。后来，他又发现许多金属和合金都具有与上述汞相类似的低温下失去电阻的特性，由于它的特殊导电性能，昂纳斯称之为超导态。他也凭借这一发现获得了1913年诺贝尔奖。

昂纳斯成功实现氦液化以后，获得了1.38～1.04K的绝对低温，是低温物理发展的里程碑。但是他的目标不仅仅在于获得更低的温度，实现气体的液化和固化，他更注意探讨在极低温条件下物质的各种特性。金属的电阻是他的研究对象之一。

卡末林·昂纳斯

当时对金属电阻在接近绝对零点时的变化，众说纷纭，猜测不一。根据经典理论，纯金属的电阻应随温度的降低而逐渐降低，在绝对零度时达到零。有人认为，这一理论不一定适用于极低温。当温度降低时，金属电阻可能先达一极小值，再重新增加，因为自由电子也许会凝聚在原子上。按照这种看法，绝对零度下的金属电阻有可能无限增加。

两种看法的预言截然相反，孰是孰非，唯有实验才能作出判断。昂纳斯先用铂丝作测试样品，用惠斯顿电桥测量电阻。测出的铂电阻先是随温度下降，但是到液氦温度（4.3K）以下时，电阻的变化却出现了平缓。

1908年，昂纳斯和他的学生克莱发表论文讨论了这一现象。他们认为是杂质对铂电阻产生了影响，致使铂电阻与温度无关；如果金属纯粹到没有杂质，它的电阻应该缓慢地向零趋近。

为了检验自己的判断是否正确，昂纳斯寄希望于比铂和金更纯的水银。水银是当时能够达到最高纯度的金属，因为采用连续蒸馏法可以做到这一点。

1911年4月的一天，昂纳斯让他的助手霍尔斯特进行这项实验。水银样品浸于氦恒温槽中，恒定电流流经样品，测量样品两端的电位差。出乎他们的预料，当温度降至氦的沸点（4.3K）以下时，电位差突然降到了零。会不会是线路中出现了短路？在查找短路原因的过程中，霍尔斯特发现当温度回升到4K以上时，短路立即消失。再度降温，仍出现短路现象，即使重接线路也无济于事，于是他立即向昂纳斯报告。昂纳斯起先也不相信，自己又多次重复这个实验，终于认识到这正是电阻消失的真正效应。

1911年4月28日，昂纳斯宣布了这一发现。此时他还没有看出这一现象的普遍意义，仅仅当成是有关水银的特殊现象。11月25日他作了《水银电阻消失速度的突变》的报告，明确地给出了水银电阻（与常温下电阻相比较）随温度变化的曲线。他在报告中说："在4.21K与4.19K之间，电阻减少得极快，在4.19K处完全消失。"

1912～1913年间，昂纳斯又发现了锡（Sn）在3.8K电阻突降为零的现象，随后发现铅也有类似效应，转变温度估计为6K（后来证实为7.2K）。

1913年昂纳斯宣布，这些材料在低温下进入了一种新的状态，这种状态具有特殊的电学性质，并把这种性质命名为超导。

超导电性具有重要的应用价值，可以利用在临界温度附近电阻率随温度快速变化的规律制成超导温度计，其灵敏度极高；可以利用电阻消失的效应传输强大的电流，制造超导磁体、超导加速器和超导电机等；可以利用超导体的磁悬浮效应可制造无摩擦轴承和悬浮列车等；超导电性的约瑟夫森效应则已广泛用于基本常量、电压和磁场的测定、微波和红外线的探测等等电子学领域，取得了良好的效益。

## 发现X射线的性质

在1895年发现X射线以后的很长时间里，许多科学家不遗余力地探讨X射线的本性，但始终未找到判决性的实验证据。成了当时科学界的难题之一。

要对X射线是波还是粒子作出判断，关键是要看X射线有没有衍射或干涉效应，许多科学家都在思考如何做这样的实验，有些人也试图做这样的实验，但是一直没有取得成功。直到1912年，德国慕尼黑大学理论物理学家劳厄发现了X射线衍射现象，X射线的性质才得到揭示。

劳厄发现X射线衍射和慕尼黑大学的科学气氛有密切关系，当时师生们讨论最多的一个问题就是X射线的本性。劳厄认为X射线是电磁波。1912年，劳厄在同一位博士研究生厄瓦耳交谈时，产生了用X射线照射晶体用以研究固体结构的想法。他设想X射线是极短的电磁波，而晶体又是原子（离子）的有规则的三维排列，

劳厄

就像是一块天然光栅那样，只要X射线的波长和晶体中原子（离子）的间距具有相同的数量级，那么当用X射线照射晶体时就应能观察到干涉现象。这确实是一个极其奇特而又非常有效的方法。劳厄的"光学直觉"使他产生了思想上的飞跃，晶体中原子的排列如果是有规则的，其间距与入射波的波长同数量级，就有可能产生干涉。

1912年4月，他们开始了这项试验。劳厄的助手很按照他的设计搭起了安装有实验装置的架子，但是他们

在第一轮实验中，由于X射线太弱，曝光时间不足而屡遭失败，幸亏他们有坚定的信念，把曝光时间延为数小时，才在底片上显出有规则的斑点，即X射线衍射图。后来，他们改进了设备，采用ZnS、NaCl等晶体做试验，衍射斑点具有更为明显的对称性。接着，劳厄推导出一系列衍射方程，成功解释了这些斑点的成因。

X射线衍射现象的发现对近代物理学的发展有重要意义，因为它不仅证明了X射线是一种比可见光波长短千倍的电磁波，使人们对X射线的认识迈出了关键的一步，而且还第一次对晶体的空间点阵假说作出了实验验证，使晶体物理学发生了质的飞跃。这一发现继佩兰的布朗运动实验之后，又一次向科学界提供证据，证明原子的真实性。由于X射线衍射的发现，X射线学在理论和实验方法上飞速发展，很快形成了一门内容极为丰富、应用极为广泛、影响极为深远的综合学科。

## 原子核的发现

电子发现以后，科学家们对于原

子的结构产生了兴趣，1903年，发现电子的汤姆生建立了一个均匀体的原子模型，并得到广泛认可。

1899 年，物理学家卢瑟福在研究α射线的穿透能力时，发现大部分α粒子均可穿过极薄的金属箔，少数发生偏转，个别的被反弹回来，这跟均匀体原子模型理论不符合。

卢瑟福继续用α射线轰击各种物质，以了解α射线和物质的相互作用， 卢瑟福和助手盖革进行了一系列的α粒子散射实验，他们发现，入射的α粒子每8000个有1个要反射回来。

对于实验中发现的α射线的反常散射现象，卢瑟福苦思了很长的时间，到1910年底，经过数学推算，他终于作出决断：只有假设正电球的直径远小于原子作用球的直径，才能满足α粒子穿越单个原子时产生大角度偏折的要求。这个正电球占有原子绝大部分质量，处于原子的中心，也就是说，原子内部一定是有一个带正电的、坚硬的核。

核只占据很小的空间，他估算核的半径约为$3 \times 10^{-12}$cm，而原子半径约为$1.6 \times 10^{-8}$cm。这样，大部分α粒子可以从原子中的空隙穿过，但如果遇到核，则将被反弹回来，或发生一定角度的偏转。这就是卢瑟福发现原子核的经过。

卢瑟福提出有核原子模型是经过深思熟虑的。他清楚地知道，这个模型面临与经典理论相矛盾的危险，因为正负电荷之间的电场力无法满足稳定性要求，但他却大胆地向经典理论挑战，因为他有大角度α散射的实验事实作为依据。他相信自己的散射理论要比汤姆生的散射理论更具有普遍性，既能解释α大角度散射，又能解释β散射，是经得起实践检验的。

但对于这个还很不完善的原子模型，卢瑟福有自知之明。他用严谨的科学态度，继续研究，以求对原子构造提出一些更明确的见解。卢瑟福从理论上探讨能够产生α粒子大角度偏折的简单原子模型，再将理论推出的结果与当时的实验数据比较，基本相符。接着，盖革和马斯登对α散射实验又做了许多改进，在1913年发表了全面的实验数据，进一步肯定了卢瑟福的理论。

在探索原子奥秘的征途中，发现电子是一大进展，发现原子核又是一大进展，它们都是近代物理学发展中的里程碑。只有在发现了电子和原子核之后，才有可能建立正确的原子理论，对光谱作出合理的解释。卢瑟福的方法和理论开辟了一条正确研究原子结构的途径，为原子科学的发展树立了不朽的功勋。原子核的发现，对于认识原子结构具有十分重要的意义。

爱因斯坦

## 相对论的提出

相对论是关于时空和引力的理论，主要由爱因斯坦创立，依其研究对象的不同可分为狭义相对论和广义相对论。相对论和量子力学的提出给物理学带来了革命性的变化，它们共同奠定了近代物理学的基础。相对论极大地改变了人类对宇宙和自然的"常识性"观念，提出了"同时的相对性""四维时空""弯曲时空"等全新的概念。近年来，人们对于物理理论的分类有了一种新的认识——以其理论是否是决定论的来划分经典与非经典的物理学，即"非经典的＝量子的"。在这个意义下，相对论仍然是一种经典的理论。

狭义相对论是爱因斯坦在1905年在自己题为《论动体的电动力学》这篇论文中提出的，当时他仅26岁。

在相对论提出之前，物理学的时空观是静止的、机械的、绝对的，空间、时间、物质和物质运动相互独立，彼此没有什么内在联系。也就是说，物质只不过是孤立地处于空间的某一个位置，物质运动只是在虚无的、绝对的空间做位置移动，时间也是绝对的，它到处都是一样的，是独立于空间的不断流逝着的长流。这就是牛顿古典力学的时空观。

爱因斯坦以极大的毅力和胆识，突破了传统物理学的束缚，猛烈地冲击形而上学的自然观。狭义相对论建立在如下的两个基本公设上：

狭义相对性原理（狭义协变性原理）：一切的惯性参考系都是平权的，即物理规律的形式在任何的惯性

参考系中是相同的。这意味着物理规律对于一位静止在实验室里的观察者和一个相对于实验室高速匀速运动着的电子是相同的。

光速不变原理：真空中的光速在任何参考系下是恒定不变的，这用几何语言可以表为光子在时空中的世界线总是类光的。也正是由于光子有这样的实验性质，在国际单位制中使用了"光在真空中1/299792458秒内所走过的距离"来定义长度单位"米"。

爱因斯坦的相对论首次提出了时空的概念，它认为时间和空间各自都不是绝对的，而绝对的是一个它们的整体——时空，在时空中运动的观者可以建立"自己的"参照系，可以定义"自己的"时间和空间（即对四维时空做"3＋1分解"），而不同的观者所定义的时间和空间可以是不同的。

狭义相对论最重要的结论之一是关于质量和能量的关系（$E=MC^2$）。它告诉我们，物质的质量是不固定的，运动的速度增加，质量也随着增加；一定质量的转化必定伴随着一定能量的转化，反之亦然。这个著名的公式成为原子弹、氢弹以及各种原子能应用的理论基础，由此而打开了原子时代的大门。

狭义相对论的问世，震动了物理学界，也使这位年轻学者的名字，马上传遍了整个欧洲，给他带来了极高的声誉。德国著名的理论物理学家普朗克，向布拉格大学推荐爱因斯坦时说："要对爱因斯坦理论作出中肯评价的话，那么可以把他比作20世纪的哥白尼。这也正是我所期望的评价。"

在本质上，所有的物理学问题都涉及采用什么时空观的问题。相对论的提出改变了牛顿的绝对时空观，这就导致人们必须依相对论的要求对经典物理学的公式进行改写，以使其具有相对论所要求的洛伦兹协变性而不是以往的伽利略协变性。

在经典理论物理的三大领域中，电动力学本身就是洛伦兹协变性的，无需改写；统计力学有一定的特殊性，但这一特殊性并不带来很多急需解决的原则上的困难；而经典力学的大部分都可以成功的改写为相对论形式，以使其可以用来更好地描述高速运动下的物体，但是唯独牛顿的引力理论无法在狭义相对论的框架体系下改写，这直接导致爱因斯坦扩展其狭义相对论，而得到了广义相对论。

爱因斯坦在1915年左右发表的一系列论文中给出了广义相对论最初的形式。他首先注意到了被称之为（弱）等效原理的实验事实：引力质量与惯性质量是相等的（目前实验证实，在10~12的精确度范围内，仍没有看到引力质量与惯性质量的差别）。这一事实也可以理解为，当除了引力之外不受其他力时，所有质量足够小（即其本身的质量对引力场的影响可以忽略）的测验物体在同一引力场中以同样的方式运动。

既然如此，则不妨认为引力其实并不是一种"力"，而是一种时空效应，即物体的质量（准确地说应当为非零的能动张量）能够产生时空的弯曲，引力源对于测验物体的引力正是这种时空弯曲所造成的一种几何效应。这时，所有的测验物体就在这个弯曲的时空中做惯性运动，其运动轨迹正是该弯曲时空的测地线，它们都遵守测地线方程。正是在这样的思路下，爱因斯坦得到了其广义相对论。

广义相对性原理表述为：任何物理规律都应该用与参考系无关的物理量表示出来。用几何语言描述即为，任何在物理规律中出现的时空量都应

当为该时空的度规或者由其导出的物理量。

因为在现有的广义相对论的理论框架下，等效原理是可以由其他假设推出。具体来说，就是如果时空中有一观者（G），则可在其世界线的一个邻域内建立的局域惯性参考系，而广义相对性原理要求该系中的克氏符在观者G的世界线上的值为零。因而现代的相对论学家经常认为其不应列入广义相对论的基本假设，其中比较有代表性的观点是：等效原理在相对论创立的初期起到了与以往经典物理的桥梁的作用，它可以被称之为"广义相对论的接生婆"，而现在"在广义相对论这个新生婴儿诞生后把她体面地埋葬掉"。

如果说到了20世纪初狭义相对论因为经典物理原来固有的矛盾、大量的新实验以及广泛的关注而呼之欲出的话，那么广义相对论的提出则在某种意义下是"理论走在了实验前面"的一次实践。在此之前，虽然有一些后来用以支持广义相对论的实验现象（如水星轨道近日点的进动），但是它们并不总是物理学关注的焦点。而广义相对论的提出，在很大程度上是由于相对论理论自身发展的需要，而

并非是出于有一些实验现象急待有理论去解释的现实需要，这在物理学的发展史上是并不多见的。因而在相对论提出之后的一段时间内其进展并不是很快，直到后来天文学上的一系列观测的出现，才使广义相对论有了比较大的发展。

到了当代，在对于引力波的观测和对于一些高密度天体的研究中，广义相对论都成为了其理论基础之一。而另一方面，广义相对论的提出也为人们重新认识一些如宇宙学、时间旅行等古老的问题提供了新的工具和视角。

广义相对论的重要结论是，加速运动与引力场的运动是等价的，要区别是由惯性力或者引力所产生的运动是不可能的。对此，爱因斯坦作了一个形象的比喻。他设想有一个人乘摩天楼的电梯自由降落，人不会感到自己在下降，因为这时电梯和人都依照重力加速度定律在下降，仿佛在电梯里不存在地球引力。反之，如果电梯以不变的加速度上升，那么人在电梯里将觉得双脚紧贴在地板上，好像站在地球表面一样。这个等价原理是广义相对论的基础，它显示了等速运动的一些基本原理可以应用到加速度运动中，把狭义相对论推广到更为普通的情况。

爱因斯坦认为，光在引力场中不是沿着直线，而是沿着曲线传播。并指出，当从一个遥远的星球上发出的光在到达地球的途中经过太阳的时候，应当由于太阳的引力而弯曲，因此，而使这个星球看起来的位置与实际不符。其偏斜的弧度，据爱因斯坦计算，应当是1.75秒。因此建议，在下一次日全食时，通过天文观测来验证这个理论预见。

1919年5月，英国一位天体物理学家率领两个天文考察队，拟定在日全食时分别在巴西和西非摄影，以验证从广义相对论推出的这一重要结论。同年11月，伦敦皇家学会和天文学会联席会议正式公布观测结果。测得的光线偏转度竟和爱因斯坦计算的非常一致，这下使牛顿的引力学说失去了普遍的意义。

这个消息公布后，全世界为之轰动，爱因斯坦的名字在社会上广为流传，几乎家喻户晓，科学家们公认他是继伽利略、哥白尼以来最伟大的物理学家之一，是"20世纪的牛顿"。

## 康普顿效应的发现

康普顿效应是指当X射线或γ射线的光子跟物质相互作用，因失去能量而导致波长变长的现象。这个效应反映出光不仅仅具有波动性，在某种情况下光还表现出粒子性，光束类似一串粒子流，而该粒子流的能量与光频率成正比，发现这一现象的是美国物理学家阿瑟·康普顿，因此以他的名字命名该现象。

1913年，康普顿从伍斯特学院毕业后，入普林斯顿大学当研究生，选题是X射线。1917年，他发表博士论文，题为《X射线反射的强度以及原子中电子的分布》。显然，从一开始他就认定工作方向为研究X射线的本性，并由此对物质结构进行探讨。他也正是在研究X射线散射的过程中发现康普顿效应的。

1919年，康普顿进入英国剑桥大学卡文迪什实验室学习。这时正好卢瑟福从曼彻斯特转到剑桥，接替汤姆生当卡文迪什实验室主任。康普顿和汤姆生与卢瑟福建立了真诚友谊，

康普顿在卡文迪什实验室主要从

康普顿

事γ射线实验研究。他以精湛的实验技术改进了仪器设备，精确地测定了γ射线的波长。确定了γ射线在散射后会变得波长更长，他试图用自己的理论解释散射γ射线波长变长的实验事实，却不大成功。于是他转而采用了另一种假说，他的解释是：可能发生了某种新的荧光辐射，其强度与性质均随角度变化，与散射物质无关。

康普顿回到美国圣路易斯的华盛顿大学后，立即用自制的X射线管发出的射线检验他在剑桥大学用γ射线做的散射实验结果。他发现，晶体反

射的单色X射线也能激发他所谓的荧光辐射，并且他还发现这种X辐射具有偏振性。经过多次精细的实验，康普顿得到了一系列的曲线和明确的结论，散射的波长比入射的波长更长，波长的改变量只决定于散射角。

但是，用当时比较受认可的经典电磁理论来解释康普顿效应却遇到了困难。康普顿借助于爱因斯坦的光子理论，从光子与电子碰撞的角度对此实验现象进行了圆满地解释。

1923年5月，康普顿在《物理评论》上以《X射线受轻元素散射的量子理论》为题发表了他所发现的效应，并用光量子假说作出解释，推出了如下方程：

其中，$\lambda_\theta$——X射线在散射后的波长；$\lambda_0$——X射线在散射前的波长；$\theta$——散射角，$h$——普朗克常量，$m$——电子静止质量，$c$——真空中光速。

因此，散射使X射线波长增加了。

康普顿把基本常量$h$，$m$，$c$的数值代入上式，得到单位是埃格斯特朗。

由此可见，波长差仅与散射角度$\theta$有关，与入射射线的波长无关。

这说明，光的散射原因仍然是能量粒子与绕核电子发生碰撞的问题，因为X射线是能量比较大的粒子，它与绕核电子发生碰撞的直接结果就是把绕核电子打出"双电子轨道"，当被打出的电子再次被"微场"捕获而结合为"双电子轨道"时，就会向外发射出能量不同的光子，所以，过去把光理解为电磁波是一种错觉，在描述方法上，认为能量大光子波长短，而能量小的光子波长长，这只是一个传统的错误习惯，随着科学的发展，这种错误的习惯也将会被逐步淘汰。

康普顿效应和光电效应都为光的粒子性提供了令人信服的证据。然而，康普顿效应比光电效应更前进了一步，因为在解释康普顿效应时不但要考虑能量守恒，还要考虑动量守恒。这个效应既说明了光的粒子性，也必须承认光的波动性，由此它为光的波粒二象性及德布罗意物质波假说提供了更完全的证据。康普顿效应宣布于1923年，确证于1926年，1927年康普顿即获得诺贝尔物理学奖，说明这一成果影响之大，有人甚至把康普顿效应看成是物理学的转折点之一。康普顿效应的发现加强了人们对波粒二象性的认识，从而促使了新理论的发展。这个新理论就是量子力学！

## 实物粒子的波粒二象性

19世纪末与20世纪相交之际，X射线、电子、放射性三大发现彻底改变了以往人们对于物理学的看法，科学家们认为，应以它们为基础再建造一座崭新的现代物理学大厦。于是，其后接踵而来的二十多年就成为物理学发展史上最令人激动的时期之一，这一阶段，新思想、新理论此起彼伏、层出不穷；新实验、新发现一个接着一个，使人目不暇接。实物粒子波动性的发现就是这其中之一。

1900年，德国物理学家普朗克在德国物理学会会议上公布了一个令人震惊的结果：黑体辐射中所放出的能量是不连续的，而是以一个与辐射频率有关、以量子为最小能量单位一份一份地发出的，普朗克为人们描绘的自然界是离散式的。1905年爱因斯坦以量子论成功地解决了光电效应问题及1906年密立根对爱因斯坦光电效应方程的实验验证，使得光的粒子性被人们普遍接受。另一方面，1912年德国物理学家劳厄的X射线衍射实验和1922年美国的物理学家康普顿的X射线散射实验，使人们对电磁辐射的波动、粒子二象性有了清楚理解。

这一切都似乎在不显山水地提醒科学家注意：既然像光这类电磁辐射都具有微粒性，那么实物粒子为什么不具有波动性呢？

1924年，法国巴黎大学年轻的研究生、在物理学界还是无名小卒的德布罗意经过较长时间的思考之后，在他的博士学位答辩论文中提出一个大胆的设想：实物粒子具有波粒二象性。他认为19世纪在对光的研究上，只重视了它的波动性而看轻了其粒子性，而对实物粒子的研究上却只看重了它的粒子性而轻视了其波动性。

德布罗意提醒答辩委员会注意，他的假设可以通过电子的运动加以证实，并天才地预言当电子束从小孔穿过时就能呈现出衍射效应——表现出波动性。由于德布罗意的假设在当时过于超前离奇，以致答辩委员会在决定是否应授予他学位时举棋不定而不得不征求大名鼎鼎的爱因斯坦的意见。爱因斯坦尽管认为这一假设对真实粒子的适用性如何尚是一个需要实验验证的悬念，但同意授予德布罗意博士学位。

科学上的每一个假设必须得到实

德布罗意

验的证实，否则它便无法成立。那么谁来对实物粒子具有波动性这一假设来验证呢？当时几乎没有人认为这是可能做到的，也没有人关心这方面的实验，直到4年之后，美国的物理学家戴维逊和英国物理学家汤姆生用不同的方法得到了电子衍射图谱，从而证实了实物粒子——电子也具有波动性，有力地佐证了德布罗意的实物粒子具有波粒二象性的假设。

实物粒子的波粒二象性在物理学史上有重要的作用。根据我们日常的经验，微小的物质世界已经超出人们的感觉。但是我们能够触及到和看到

的所有一切，包括传递触觉的神经脉冲和光在内，其特性都归结于原子和分子构成的精巧建筑物，而以德布罗意的理论为基础迅速地发展起来的现代物理学上最重要的理论量子力学，却能营造出这些精巧建筑物的法规。至于那些直接依赖原子过程的宏观现象，例如激光、超导材料、固体电子学等现代科学技术的研究更是要用到量子力学。

## 电子衍射现象

20世纪20年代中期是物理学发展的关键时期，在德布罗意的实物粒子波粒二象性假说的基础上建立起来的波动力学和海森伯从不同途径创立的矩阵力学，共同形成微观体系的基本理论。这一巨大变革激励着许多物理学家致力于证实粒子的波动性。

在众多科学家中，美国实验物理学家戴维逊和英国实验物理学家G.P.汤姆生取得了世人瞩目的成绩。

### 戴维逊的低速电子散射实验

1921年，戴维逊和助手康斯曼在用电子束轰击镍靶的实验中偶然发现了电子衍射的迹象。这一迹象就是镍

**戴维逊**

靶上发射的"二次电子"竟有少数具有与轰击镍靶的一次电子相同的能量，显然是在金属反射时发生了弹性碰撞。他们特别注意到"二次电子"的角度分布有两个极大值，不是平滑的曲线。他们仿照卢瑟福α散射实验试图用原子核对电子的静电作用力解释这一曲线。显然，他们没有领悟到这是一种衍射现象。

后来，戴维逊花了两年多的时间继续这项研究，设计和安装了新的仪器设备，并用不同的金属材料作靶子。工作虽然没有多大进展，但却为以后的工作作了技术准备。

1925年，戴维逊和他的助手又开始了电子束的轰击实验。一次偶然的事件使他们的工作获得了戏剧性的进展。有一天，他们正在实验室做电子的晶体散射实验，研究电子经普通镍靶散射后角分布的规律。由于靶子温度很高，真空管突然破裂，从破裂口进去的空气又使镍靶严重氧化。他们不得不维修设备，由于使用的镍靶是经过特殊抛光的，在修复真空管时，还必须使镍靶在真空中长时间加热以去净表面的氧化物。

两个月后他们恢复了实验，但第一次的实验结果就使他们大吃一惊，电子的角分布曲线几乎变成了X射线的衍射花样。他们对此迷惑不解，因为经过反复检查后，并没有发现X射线，有的只是电子流。为了查明原因，他们不惜又一次中断实验，锯开真空管，并请来有名气的显微镜专家鲁卡斯帮助找原因。在鲁卡斯的协助下，他们发现镍靶已在修复当中因加热发生了变化，原来磨得极光、包含许多小晶粒的镍靶表面已变成了几块较大的单晶体。他们推测，这种新的散射花样可能是由于镍靶晶体中原子的重新排列所引起的。

这一结论促使戴维逊和他的助手

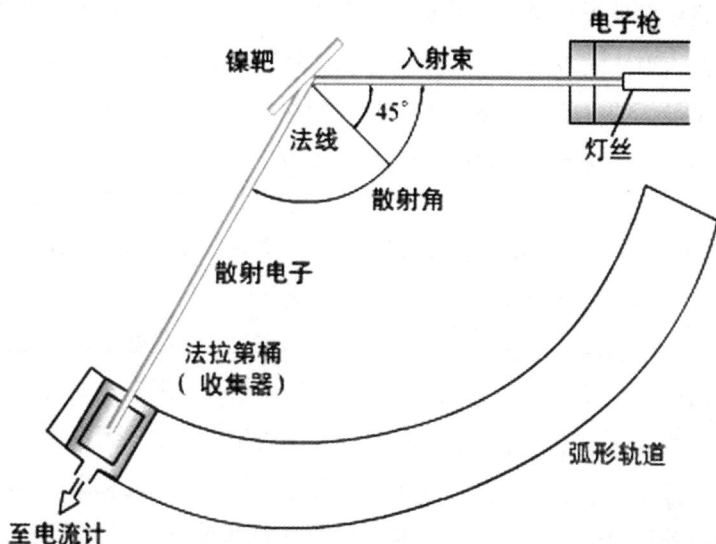

**戴维逊的电子衍射实验装置原理图**

修改了他们的实验计划。既然小的晶面排列很乱，无法进行系统的研究，他们就做了一块大的单晶镍，并切取一特定方向来做实验。他们事前并不熟悉这方面的工作，所以前后花了近一年的时间，才准备好新的镍靶和管子。有趣的是，他们为熟悉晶体结构做了很多X衍射实验，拍摄了很多X衍射照片，可就是没有将X衍射和他们正从事的电子衍射联系起来。他们设计了很精巧的实验装置，镍靶可沿入射束的轴线转360°，电子散射后的收集器也可以取不同角度。

1926年8月10日，戴维逊到英国度假，期间他顺便参加了在牛津举行的英国科学促进会。当他听了物理学家玻尔的报告后，感到十分惊讶，因为早在两年前德布罗意就提出了实物粒子具有波动性的假设，而自己在美洲大陆竟对此一无所知。并且他正在做的工作与德布罗意建议的实验是如此相近，以至于他似乎觉得那种特殊的曲线也许能验证德布罗意的假设。

回到纽约之后，戴维逊和他的助手立即恢复工作，他们的目的非常明确，设法用实验证实德布罗意的假设。戴维逊在实验中通过改变加速电压使电子具有不同的能量。1927年1

月，他们终于发现当电压为65伏时，在与电子流入射法线为45°的散射方向上出现了最强的电子束。经过初步的理论分析，他们认为这与发现电子具有波动性的距离已经很近了。

这年8月份，他们共获得30种这类电子射束的曲线，更使他们惊喜不已的是，其中的29种竟可以用德布罗意的理论给出圆满的解释，结论可靠无误，电子确有波动性。12月份，他们在《物理评论》上发表了关于实验结果和理论分析的文章，论文系统地叙述了实验方法和实验结果，很快就得到了物理学界的强烈反响。

戴维逊的实验装置极其精巧，整套装置仅长12.7厘米、高约5厘米，密封在玻璃泡里，经反复烘烤与去气，真空度达1～1.3Kpa。散射电子用一双层的法拉第桶（叫电子收集器）收集，送到电流计测量。收集器内外两层之间用石英绝缘，加有反向电压，以阻止经过非弹性碰撞的电子进入收集器；收集器可沿轨道转动，使散射角在20°～90°的范围内改变。

他们用镍晶体做了大量的测试工作，最后综合了几十组曲线，肯定这是电子束打到镍晶体发生的衍射现象。于是，他们进一步作定量比较。然而，不同加速电压下，电子束的最大值所在的散射角，总与德布罗意公式计算的结果相差一些。他们发现，如果理论值乘0.7，与电子衍射角基本相符。文章发表不久，依卡特指出，这是电子在晶体中的折射率不同所致。至此，电子衍射的现象终于被人们确认。

**汤姆生的高速电子散射实验**

汤姆生是发现电子的汤姆生的儿子。汤姆生从小就受到过良好的科学教育，成年后又跟随父亲老汤姆生在卡文迪许实验室从事物理学研究。1922年，年仅30岁的汤姆生已是阿伯丁大学的物理学教授。汤姆生在阿伯丁大学继续做他父亲一直从事的正射线的研究工作，所用实验装置主要是真空设备和电子枪。

1926年8月，G.P.汤姆生出席了在牛津举行的科学促进会，并与当时许多参加会议的著名物理学家讨论德布罗意的理论。会议结束后，汤姆生突然想到如果电子具有波动性，那就会产生衍射效应，于是他立即开始工作。

他做这样的实验比较容易，因为他的正射线散射实验已经做了好几年，只要将感应圈的极性反接，立即就得到了边缘模糊的晕圈照片。于是，汤姆生的短文发表于《自然》杂志1927年6月18日刊上，仅次于戴维

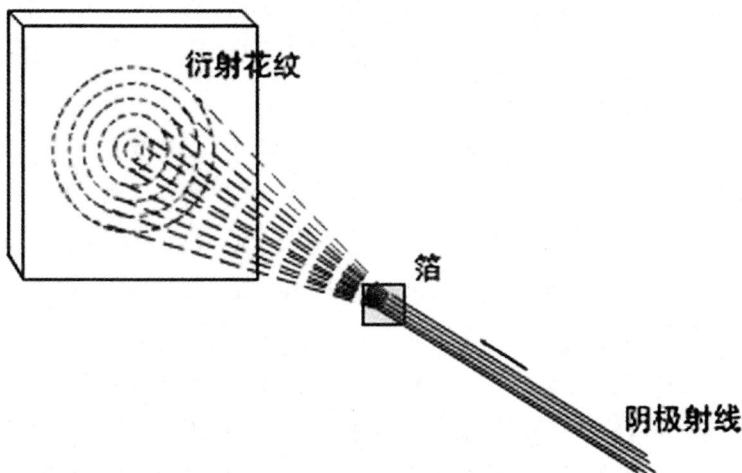

**G.P.汤姆生的电子衍射实验原理**

森两个月。

为了说明观察到的现象正是电子衍射，而不是由于高速电子碰撞产生的X射线衍射，G.P.汤姆生用磁场将电子束偏向一方，发现整个图像平移，保留原来的花样。由此肯定是带电粒子的射线，而不是X射线。接着，G.P.汤姆生和他的同事对高速电子衍射进行了一系列的实验，进一步得到了电子衍射的衍射花样。从而比戴维森更为直接地对电子衍射作出了验证。

G.P.汤姆生的电子衍射实验原理如上图所示。它的特点是：电子束经高达上万伏的电压加速，能量相当于10-40keV，电子有可能穿透固体薄箔，直接产生衍射花纹，不必像戴维森的低能电子衍射实验那样，要靠反射的方法逐点进行观测，而且衍射物质也不必用单晶材料，可以用多晶体代替。因为多晶体是由大量随机取向的微小晶体组成，沿各种方向的平面都有可能满足布拉格条件，所以可以从各个方向同时观察到衍射，衍射花纹必将组成一个个同心圆环，和X射线德拜粉末法所得衍射图形类似。

在实验中，汤姆生保持电子的能量不变，电子流穿过样品后在照相版上形成了同心环纹。这与德拜的X射线粉末衍射图样完全相似，因而G.P.汤姆生就用另一种方法证实了电子具有波动性。

电子衍射现象的发现，使得德布罗意由于提出实物粒子具有波动性这一假设得以证实。戴维逊和汤姆生由于发现了电子衍射现象共同获得1937年诺贝尔物理学奖，但是两位物理学家一个在欧洲大陆，一个在美洲大陆，并且在根本不了解对方工作的情况下，采用不同的方法但却是几乎同时完成一个伟大的发现，也是科学史上一个少见的巧合。另外，父亲老汤姆生因发现电子是粒子而不是波动获得诺贝尔奖，而儿子小汤姆生又因发现电子既是粒子又是波动也获得诺贝尔奖，更是物理学上的一件趣事。

## 找到中子

电子、放射性和X射线的发现，就像给人类一把"金钥匙"，打开了通往微观世界的大门。1914年，卢瑟福发现了质子，提出了原子核的"质子—电子"模型，即原子核是由带正电的质子和带负电的电子构成的。这一模型很快就得到当时物理学界的接受。

1920年，卢瑟福就在著名的贝克尔演讲中作出中子存在的理论预言。为了检验卢瑟福的假说，卡文迪什实验室从1921年就开始了实验工作。卢瑟福曾请格拉森在氢气中放电时寻找中子的产生，不久，罗伯兹也做了类似的实验。

1923年，查德威克得到卢瑟福的赞同意，用游离室和点计数器作为检测手段，尝试在大质量的氢化材料中检测γ辐射的发射。在初步作了这些尝试之后，查德威克考虑到中子只有在强电场中形成的可能性，但没有合适的变压器可用。正当查德威克着手进一步开展探讨中子的研究时，柏林的玻特和巴黎的约里奥·居里夫妇相继发表了他们的实验结果。

玻特是德国著名物理学家，曾在盖革的研究所里工作。从1928年起，玻特和他的学生贝克尔用钋发射的α粒子轰击一系列轻元素，发现α粒子轰击铍时，会使铍发射穿透能力极强的中性射线，强度比其他元素所得要大过十倍。用铅吸收屏研究其吸收率，证明这种中性辐射比γ射线还要硬。1930年，玻特和贝克尔率先发表了这一结果，并断定这种贯穿辐射是一种特殊的γ射线。

在巴黎，居里实验室的约里奥·居里夫妇也正在进行类似实验。他们把石蜡板放在放射源和游离室之间，发现静电计偏转激增。石蜡含氢，会不会是氢核被铍辐射撞击形成

新的射线？于是他们加磁场进行检验，磁场果然对这一射线有作用。遗憾的是，他们在肯定石蜡发出的是质子流之后，也和玻特一样，把铍辐射看成是 γ 射线。

1932年1月18日，约里奥·居里夫妇宣布，铍辐射的能量非常大，竟能把氢核（质子）从石蜡板中撞击出来。随后，他们还用云室拍到了质子流的照片，但他们没有摆脱玻特的错误解释。

约里奥·居里夫妇的实验对查德威克有极大的启发。当查德威克读到他们在《法国科学院通报》上的文章，文中报告了铍辐射极其惊人的特性，他立即告诉了卢瑟福。卢瑟福表示不相信，建议尽快做实验进行检验。这时查德威克正好准备开始实验，因为他已制备好了铍源。他以客观的态度工作，几天紧张的实验，就证明了这些奇异效应是某种中性粒子的作用。他还测出了这种粒子的质量。

1932年2月17日，查德威克在《自然》上发表了他的结果《中子可能存在》，距离约里奥·居里的文章不到一个月。接着，在《英国皇家学会通报》上他又发表了题为《中子的存在》一文，详细报告了实验结果及理论分析。

查德威克

查德威克做了如下实验：

（1）考察反冲现象的普遍性。他把各种轻元素和气体一一进行试验，证明毫无例外地都会发生核反冲现象。

（2）检验碰撞的能量关系。查德威克用石蜡做吸收实验，在石蜡板和游离室之间放置不同厚度的铝片，作吸收曲线，由此测出石蜡放出的质子具有 $5.7 \times 10^6$ 电子伏的能量。如果铍辐射是由 γ 光子组成，根据能量守恒定律和动量守恒定律，可以像康普顿效应那样计算出 γ 光子的能量应为 $5.5 \times 10^7$ 电子伏。用同样的铍辐射轰击氮，从云室中氮的反冲核留下的径迹，估计氮核能量约为$1.2 \times 10^6$电子伏，计算得到的$\gamma$光子能量应为$9 \times 10^7$电子伏。这就表明：如果用与量子的碰撞来解释反冲原子，则当被碰撞原子的质量增加时，必须假设这一量子的能量越来越大。

查德威克在论文中写道："显然，在这些碰撞过程中，我们要么放弃应用能量与动量守恒，要么采用另一个关于辐射本性的假设。如果我们假设这一辐射不是量子辐射（即$\gamma$光子）而是质量与质子几乎相等的粒子，所有这些与碰撞有关的困难都会消除…"于是，他假定铍辐射是卢瑟福预言的中子。

(3) 用云室测中子质量。将氮充入云室，从云室观测到氮原子在铍辐射（中子）轰击后的反冲速度为$4.7 \times 10^8$厘米／秒，与同样的铍辐射（中子）轰击石蜡得到的质子速度$3.3 \times 10^9$厘米／秒进行比较，可以粗略求得铍辐射的粒子质量与质子的质量非常接近。

查德威克还进一步根据质谱仪测得的数据推算出了中子的精确质量为1.0067（原子质量单位），并对中子的性质进行了详尽的分析，以确凿的事实证明中子的存在。卢瑟福于1920年预言的中子终于出现了。

为了奖励查德威克在中子的发现和研究中的杰出贡献，诺贝尔基金会将1935年度诺贝尔物理学奖颁发给他。

中子的发现，不仅为人类认识原子核的结构打开了大门，而且还在理论上带来了一系列重大的变革，在中子发现后不久，海森堡就提出了"质子—中子"模型，代替了"质子—电子"模型。这样，人们才认识到原子核是由质子和中子组成的。同时，人们对于原子量与原子序数的关系，以及原子核的自旋、原子核的稳定性问题，都有了新的认识，人类对于中子的研究和应用，推动了核物理的飞跃发展，开创了新的时代。

## 找到正电子

正电子又叫阳电子、反电子、正子，是基本粒子的一种，带正电荷，质量和电子相等，是电子的反粒子。

狄拉克最早从理论上预言正电子的存在。狄拉克是在他的相对论电子理论中作出这一预言的。电子不仅应具有正的能态，而且也应具有负能态。狄拉克认为，这些负能态通常被占满，偶尔有一个态空出来形成"空穴"。他认为："如果存在空穴，则

将是一种新的，对实验物理学来说还是未知的粒子，其质量与电子相同，电荷也与电子相等，但符号不同。我们可以称之为反电子。"

1932年8月2日，美国加州工学院的安德森等人向全世界宣告，他们发现了正电子。

1930年，安德森开始与密立根一起做宇宙射线的研究工作，负责用云室观测宇宙射线。云室置于磁场中，为了鉴别粒子的性质，在云室中安有几块金属板，粒子穿过金属板，就可以区别其能量。

1932年8月2日，安德森在实验获得的一张照片中发现一条奇特的径迹——与电子的径迹相似，却又有相反的方向。安德森立刻想到这是某种带正电的粒子。当时安德森并不了解狄拉克的电子理论，更不知道他已经预言过正电子存在的可能性。

关于正电子产生的机理，安德森认为，初级宇宙射线撞击到核内的一个中子，会使中子分裂成为正电子和负质子。为此，他还建议实验家寻找这种"负质子"。

几个月以后，英国剑桥大学卡文迪什实验室的布拉开特与奥恰利尼用盖革计数器自动控制云室，为宇宙射线拍摄大量照片，从径迹的宽度可以判断，这些射线是同时产生的，他们称之为簇射。

由于云室是在均匀磁场之中工作，所以射线的径迹都是弧形的。从这些射线的径迹曲率的大小可以估算粒子的质量和速度，从其弯曲的方向可以判断粒子所带电荷的正负。他们证明一个簇射内往往带正电荷的粒子与带负电荷的粒子数量相等，而且这些粒子的质量都等于电子。

他们还指出，安德森对正电子产生的机理作了错误的解释，他认为是因为宇宙射线撞击到核内的一个中子，再使中子分裂成为正电子和"负质子"。现在，布拉开特与奥恰利尼证明宇宙射线中正负电子的数目基本

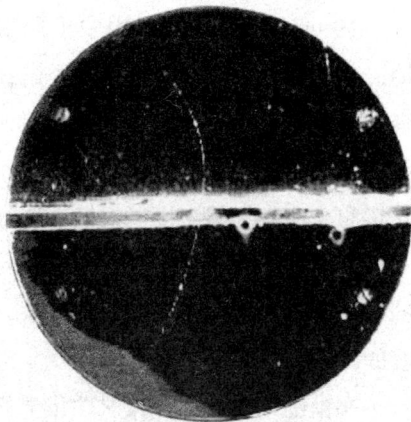

安德森拍到的第一张正电子轨迹照片。正电子从上往下运动，穿过气室中央的铅板，其轨迹因磁场的作用而呈弧状。

相等，而在宇宙射线以外未曾发现有正电子，就可以断定宇宙射线中的正负电子是由 γ 射线创生的。

正电子的发现，对人类研究光与实物之间的转变有重要意义，使人们对"基本粒子"的认识有了一次质的飞跃。

# 发现核裂变

核裂变又称核分裂，是一个原子核分裂成几个原子核的变化。是指由重的原子，主要是指铀或钍，分裂成较轻的原子的一种核反应形式。原子核裂变的发现和原子能的利用是20世纪物理学发展的又一里程碑。

1934年，费米等人用中子照射铀，企图使铀核俘获中子，再经过 β 衰变得到原子序数为93或更高的超铀元素，这引起了不少化学家的关注。在1934～1938年间，许多人做了这种实验，但是不同的研究者得到了不同的结果，有的声称发现了超铀元素，有的却说得到了镭和锕。

20世纪30年代，在放射性化学的研究方面居于世界前列的有两家，分别是法国的居里实验室和德国的柏林化学研究所，他们都在研究人工放射

性，对中子引起的核反应进行着探索性的工作。他们通过大量的放射性实验系统地整理出放射性物质的衰变规律，其中也包括"超铀元素"问题。

1937年，伊伦·居里和她的助手沙维奇在用中子辐照铀盐时，发现了一个新现象，分离出来一种半衰期为3.5小时的成分，其化学性质很像镧。镧是稀土族元素中的第一名，原子序数为57，与它化学性质相近的重元素是锕（89Ac）。他们初步判断，3.5小时的放射性应属于锕。可是再进一步追踪，经过结晶分离，分离出了锕，出乎他们意料，3.5小时的放射性不在锕中，镧的放射性倒是加强了。他们本来可以从镧的出现得出重核裂变的结论，因为已经接近解决问题的边缘，然而，他们没有迈出关键的一步，而是将实验结果作了客观报道，并且加了有倾向性猜测。他们写道：

"用快中子或慢中子辐照的铀中，产生了一种放射性元素，半衰期为3.5小时，其化学特性很像镧。……它或许也是一种超铀物质。但是我们暂时未能确定它的原子序数。"

后来查明，在铀裂变产生的裂片中还有一种元素，叫钇，其半衰期也正好是3.5小时，居里小组没能完全把3.5小时的放射性物质提炼出来，

**费米**

所以无法作出准确的判断。

伊伦·居里报道镧的出现，引起了哈恩的强烈反应。哈恩在柏林大学化学研究所工作。在这里，他和奥地利的女物理学家迈特纳长期合作研究放射性，三十年中间，他们作出了多项发现，其中包括1917年共同发现了镤，后来进行超铀元素的研究。由于迈特纳有犹太血统，在研究到了最关键的时刻，她因躲避纳粹迫害不得不离开德国，没能参加实验工作。

哈恩和他的助手斯特拉斯曼也用慢中子轰击铀。经过一系列精细的实验，他们在铀的生成物中找到一种放射性物质，其放射性的半衰期为4小时，接近3.5小时，不过，这种新的放射性物质的化学性质却与镧不同，而与钡类似。但是钡的原子序数是56，也是处于元素周期表中间的位置。他们当时无法确认它就是钡。从他们已经形成的判断准则来看，这只能是与钡属于同一族的镭，所以他们想这或许是镭的一种尚未发现的同位素。可是，费尽九牛二虎之力，就是无法从钡中分离出带那种放射性的镭来，那种放射性总是伴随着钡沉淀。他们只好承认它存在于钡中而不在镭中。后来，又经过多次实验，证实了居里的结果，也就是说，从化学分析的结果看，无可辩驳地肯定了中间化学元素的出现。

哈恩对实验结果实在无法理解，他不敢设想铀在慢中子的轰击下竟会碎裂，但他是一位严谨的实验家，如实地报道了实验结果。1939年1月，德国的《自然科学》杂志发表了哈恩和斯特拉斯曼的论文。在结尾中，他们写道：

"作为化学家，我们真正应将符号Ba（钡）、La（镧）、Ce（铈）引进衰变表中来代替Ra（镭）、Ac（锕）、Th（钍），但作为工作与物理领域密切相关的'核化学家'，我们又不能让自己采取如此剧烈的步骤来与核物理迄今所有的经验相抗争，也许一系列巧合给了我们假象。"

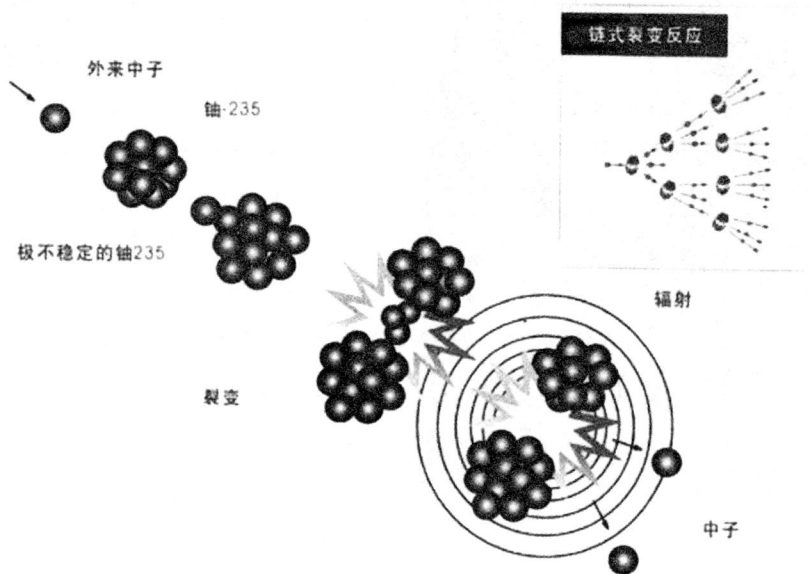

链式裂变反应

外来中子

铀·235

极不稳定的铀235

裂变

辐射

中子

**核裂变示意图**

这时迈特纳在斯德哥尔摩的诺贝尔研究所工作。她接到了哈恩在发表1939年1月论文之前寄来的信，信中告诉她最近得到的惊人结果。迈特纳接到哈恩来信的时候，正好她的侄子、物理学家弗里施利用圣诞节休假来看望她。弗里施从1934年就流亡国外，在哥本哈根的玻尔研究所工作，当玻尔教授的学生。他们对哈恩的实验结果和提出的疑问展开了热烈的讨论，他们根据重核的特性、类比细胞的分裂，并从不久前玻尔提出的液滴模型受到启发，认为原子核像一滴水，由于核力作用范围只能到达原子

核直径的几分之一区域，所以在重原子核里不少质子间的静电斥力有时有超过核力的机会。当一个外来中子闯入这个液滴（即重核）里来时，扰动的结果会使液滴（即原子核）发生剧烈的震荡，造成整个核可能开始变成椭圆形，这样，核力就更无法维持昔日把所有孩子抱成一团的局面。一旦在椭圆的两端形成正电荷中心，静电斥力中心就会更加把核向两个相反方向排斥，愈排斥愈长，出现哑铃状，最后不可避免地破裂成两块质量大致相同的碎片。这与生物学细胞繁殖的分裂过程非常相似，因此，他们根据一位生物学

家的建议，称之为核"裂变"。

铀核的裂变和细胞的裂变又像又不像，其共同之处是都分裂成两半，不同的是，铀原子核在裂变后还依赖自身的力量把分裂的两个半原子核炸飞出去老远，这需要很大的能量。而细胞的分裂和其他一些分裂现象中，都没有这样的炸飞现象。怎样来解释原子核裂变时的这种炸飞现象呢？

弗里施根据爱因斯坦的质能方程式$E=mc^2$，计算了铀核裂变时因"质量亏损"而释放的能量，结果表明，释放出的能量是十分巨大的。原来，一个铀原子核因吸收慢中子而裂变的过程中，会"损失"一部分原子核的质量，这部分质量不到$4 \times 10^{-24}$克，但这部分微小的质量并没有消失，而是以辐射的形式释放出来，它释放出来的能量达20亿电子伏特之多！原子核裂变时，原子核会失去一小部分质量，这种现象称之为"质量亏损"。铀核裂变的碎片被炸飞开去的原因，就在质量亏损中。

迈特纳和弗里施讨论了铀核的裂变和释放的巨大能量之后，就立即给柏林的哈恩写信，告诉他这个重要的想法。弗里施则在第二天赶回哥本哈根，对他们的分析进行实验验证，结果表明他们对哈恩和斯特拉斯曼的实验结果的分析是正确的。1939年1月16日，弗里施与迈特纳共同署名将题为《在中子轰击下重核分裂的物理证据》的论文，寄到英国的《自然》杂志发表。

在他们的论文还未发表的时候，弗里施把哈恩的发现和迈特纳同他的解释告诉了玻尔，此时玻尔正好要启程去美国参加第五届国际物理学会议。本来这个会议是以讨论低温物理为中心的，可是到会的物理学家一听到玻尔带来的消息都激动万分，无心讨论原来的主题，将兴趣集中于核分裂问题上了。费米建议立即用物理方法进行论证，有几位物理学家当即给自己的实验室打电话，安排实验。当天深夜，几个实验室和大学都得到了同样的结果，就这样，核裂变的发现在几小时内得到了世界的公认，而爱因斯坦完全从理论推导出的质能关系式$E=mc$也得到了实验的验证。

核裂变反应原理对裂变现象的研究，几十年来始终是核物理的一个活跃的分支。这是因为核裂变有着重大的实用价值，并且核裂变是一个极复杂的过程，研究这一过程有助于原子核物理学的发展。

裂变是核的大形变，是集体运动的结果，弄清它的机制，了解裂变过程的各种复杂的现象，到现在仍然是一个需要继续努力研究的方向。因此对于核物理本身，裂变也具有很重要的意义。此外，自发裂变是决定最终的那些核素的稳定性的重要因素；裂变产物提供了大量的中子远离 β 稳定线的核素；裂变研究又提供了原子核在大形变条件下的各种特性（如变形核的壳效应）等等。所有这些都说明裂变是核物理的一个重要研究领域。

在裂变发现后，很快就弄清楚了裂变时不但释放出巨大的能量，而且同时还发射出几个中子。既然中子能引起裂变，裂变又产生更多的中子，因此可以通过链式反应在宏观尺度上使原子核释放出能量来。这就找到了大规模利用核能的途径。除了巨大的核能在军事和能源方面的实际应用之外，随着反应堆的建立，放射性同位素开始大规模生产并广泛应用于工农医等各部门。人类社会从此迈进利用原子能的新纪元，释放原子能的时代开始了。哈恩由于重核裂变的发现而获得1944年诺贝尔化学奖。

## 核磁共振的发现

所谓核磁共振，是指具有磁矩的

哈恩

原子核在恒定磁场中由电磁波引起的共振跃迁现象。核磁共振的发现，跟核磁矩的研究紧密相关。

1911年，卢瑟福根据 α 粒子散射实验提出核原子模型，此后直到原子光谱的超精细结构发现，玻尔才于1924年正式提出原子光谱的超精细结构是核自旋与外电子轨道运动相互作用的结果；原子核应具有自旋角动量和磁矩。于是，有很多科学家投身于对核的电磁特性的探索。

1945～1946年，美国物理学家珀塞尔和瑞士裔美国物理学家布洛赫分别通过对固体和水的磁共振进行精密测量，发现了核磁共振现象。

### 珀塞尔小组的共振吸收实验

1945年夏，珀塞尔、托雷和庞德等人组成一个小组，利用哈佛大学十年前研究宇宙射线的工作中所留下的一台磁铁，亲自修复改装，用于核磁共振的研究。

由于核磁共振信号是微弱的，在室温和几千高斯的磁场作用下，热平衡时两能级的粒子数之差与总粒子数之比，只达百万分之一的数量级。为了提高观测的灵敏度，珀塞尔等人采用了桥式电路，如下图所示。

射频信号由发生器送到两个谐振回路的输入端，其中一个谐振回路的线圈环绕着样品置于静磁场中，另一谐振回路则在磁场之外，它们分别为桥路的两臂。当发生共振时，样品吸收射频场能量使该谐振回路的阻抗变化，桥路便失去平衡，从而有相应的信号送到接收系统。根据不平衡的幅值（或相位），便可得到吸收（或发射）信号。

珀塞尔小组在谐振腔内填充石蜡作为样品，观测到的共振信号经放大和检波系统，然后用微安计显示。

1945年12月24日，珀塞尔、托雷和庞德联名在《物理评论》上发表了一篇《固体中核磁矩共振吸收》的论文，首次公布了在凝聚态物质中观察到的核磁共振现象。被观测的物质是置于强度为0.71T磁场中的大约500克石蜡，线圈调谐到30MHz，对磁场的扫描功率保持在10~11W，在位于29.8MHz处记录到线宽为40000Hz的核磁共振吸收谱线。

### 布洛赫的核感应实验

就在珀塞尔等人发表《固体中核磁矩的共振吸收》的论文一个月之后，布洛赫也在《物理评论》杂志上发表了《核感应》的论文，报道了他们小组观测到的水中的核磁共振信号。

1945年秋，布洛赫、汉森以及一位叫柏卡德的研究生，组成三人小组，柏卡德协助汉森负责发射和接收，布洛赫负责直流磁场。当时他们没有大磁铁，只能借到一台示教用的磁铁进行改装。在这个装置的磁铁两极之间，有两个轴线相互垂直的线圈。一个是发射线圈，与射频源相连，另一个是接收线圈，与接收系统相连，两线圈的轴线均与主磁场垂直。

布洛赫认为，核磁共振的基本事实在于核磁矩取向的改变。当核磁矩在射频场作用下转向时，宏观磁化矢量随之改变。按照电磁感应定律，这时在接收线圈上便产生一感应电动势，"核感应"这个术语就是由此而来。考虑到射频场比探测的信号强得多，所以发射线圈和接收线圈之间的

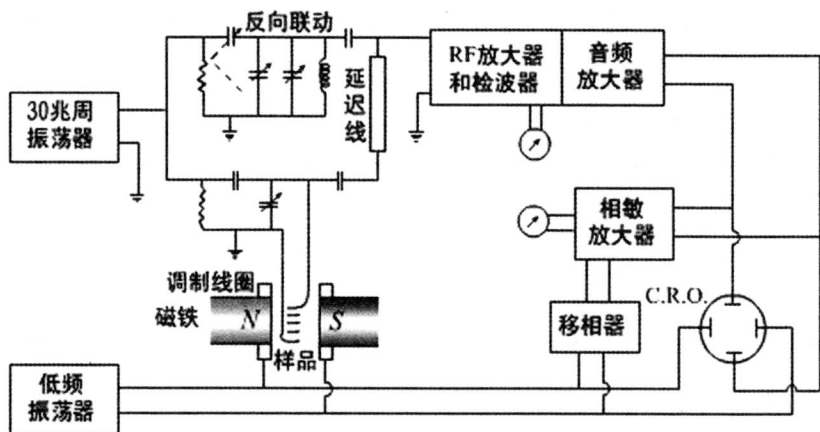

**珀塞尔小组的桥式共振吸收电路**

耦合必须相当微弱，因此把它们安排成互相垂直的位置。在共振条件下，射频场使核磁矩转向，并弱耦合到接收线圈作为载波。发射线圈的端部还安装两块半圆形导电片，以调节漏感的幅值和相位，从而可检测到吸收信号或发射信号。

布洛赫决定用水作样品。在样品中加了可溶于水的铁硝酸盐，这样可以缩短弛豫时间。他们的电路原理图如上图所示。

经过几个月的准备，试验开始了。他们把事前处理过的水样品放入装置内，然后接通所有的开关。当射频机构已经工作时，布洛赫逐步调节磁铁的励磁电流到预期值，汉森和柏卡德在几码远处盯着示波器，但他们

在噪声起伏上面没看到任何信号。这时，汉森想去调整一下放大器，并要布洛赫关掉电源。正当布洛赫打开开关时，柏卡德注意到荧光屏上闪过了一些花纹。布洛赫立刻判断出这就是大家要找的东西。经过反复核实，认定这就是共振信号。

布洛赫等人在第一次观察到核感应信号的成功实验中，射频频率为7.76兆赫，相应的磁场强度为1826高斯。他们的仪器设备是极其简陋的，整个实验才花了275美元，包括买一台普通示波器所用的250美元在内。他们就在这样的条件下取得了有历史意义的辉煌成果。

珀塞尔和布洛赫两个小组对核磁共振现象的发现完全是独立的，方法

也不尽相同。然而，对于在构造几乎相同的装置上观测到的同样的核磁共振信号，珀塞尔和布洛赫却持有不同的理论解释。珀塞尔根据半经典的量子力学，用能量子吸收的观点来看待核磁共振的吸收信号，而布洛赫则用经典的磁化矢量进动模型，用感应电流与检测线圈同相位来解释核磁矩的共振吸收。

相对于珀塞尔简明的量子力学吸收理论，布洛赫的磁化矢量感应理论显得较为复杂而更为成熟。布洛赫首次导入了纵向弛豫时间和横向弛豫的概念，并将它们引入到磁化矢量的动力学方程式中，构成了布洛赫方程。布洛赫方程是一组非线性的微分方程，常常遇到求解的困难。然而，布洛赫方程对自旋系统给予了十分直观的描述。对布洛赫方程进行各种简化或修饰，可以获取各种有用的动力学信息。

核磁共振的发现提供了一个新的途径，可以用来精确测量核磁矩和磁场、进行物质结构分析，从而导致了谱学方法的重大变革。核磁共振的发现不仅有重大的理论意义，还为科学技术提供了一种独特的测量方法。从核磁共振谱仪获得的核磁共振谱可用于鉴定有机化合物结构，根据化学位移可以鉴定有机基团，还可用于化学动力学方面的研究，如分子内旋转、化学交换等。核磁共振谱也广泛用于研究聚合反应机理和高聚物序列结构。现在，核磁共振层析技术，已广泛用于人体诊断，例如，现在医院用于诊断癌症的核磁共振仪。

## 穆斯堡尔效应的发现

穆斯堡尔效应就是指原子核辐射的无反冲共振吸收。这个效应首先是由德国物理学家穆斯堡尔于1958年首次在实验中实现的，因此被命名为穆斯堡尔效应。

为了发现原子核的共振吸收现象，科学家们曾作过如下几种尝试：

（1）比较法：1929年，库恩试图在实验中观测原子核的共振荧光。他认识到，吸收体中的原子核必须跟放射源的原子核相同，才有可能实现共振吸收。他将铊蜕变为铅208的过程中所辐射的 $\gamma$ 射线打到PbCl2上。同时，以镭放射源照射PbCl2，比较两者的差异。可是经过成百次的对比实验都没有得到预期效果。两者没有可察觉的差异。以后的一二十年，人们一直沿着他的思路继续试验，均未

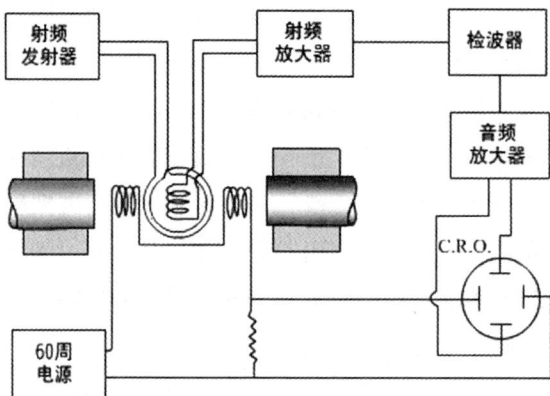

**布洛赫小组的核感应电路**

奏效。

（2）多普勒频移法：1951年，默恩系统地分析了反冲作用引起的能量变化，认识到库恩实验失败的根本原因在于未考虑原子核的反冲。他提出，如果利用多普勒效应，使发射源处于高速运动状态以补偿γ射线因原子核反冲而损失的能量，这个速度$\nu$只要满足：

$$E\gamma \cdot \nu/c = 2ER$$

就可以使发射谱和吸收谱部分重叠，因此有可能实现共振吸收。式中$E\gamma$为γ射线光子的能量，ER为核反冲能量，c为光速。

他把放射源198Au（金）镀在钢制转子边缘的某处上，用超速离心机使转子边缘以800米／秒的高速旋转。198Au经β蜕变形成198Hg（汞），并发射0.411MeV γ射线。γ射线由水银接收，并用盖革计数器检测散射的γ射线，经过反复试验，终于观察到了γ射线的共振效应。尽管这个实验条件要求太苛刻，难以付诸实际应用，但仍不失为一次成功的试验，因此颇引人注目。

（3）升温法：1953年，马姆福斯采用另一种方法产生多普勒效应，观测到了γ共振。他把放射源和吸收体的温度升高，使原子热运动加剧，从而把发射谱和吸收谱展宽到足够的程度。当两曲线出现一定的重叠时，就有可能产生共振吸收。这一做法的缺点是共振谱线远宽于自然线宽，根本体现不出核跃迁自然线宽极窄的特点，所以无法立即找到直接的应用，也就未能引起很大反响。

有没有更好的办法来实现γ共振？如何使谱线宽度接近自然线宽，从而观测核能级跃迁的超精细结构？怎样利用这一共振效应？这些问题激励着科学家们进一步向前探索。

1953年，德国海德堡马克思·普朗克研究所的研究生穆斯堡尔正在梅厄·莱伯尼兹教授名下作博士论文。梅厄·莱伯尼兹教授建议他抓住核共振荧光的课题，并采用马姆福斯的方法进行研究。穆斯堡尔最初的工作是测量铱191在129keV能量的γ射线下辐射的寿命，他所采用的实验方案与马姆福斯等人不同的地方在于：他不是测共振散射，而是测共振吸收强度。测共振散射，必须考虑弹性散射和康普顿散射引起的本底，使实验变得十分困难。如果在吸收中测量核共振效应，就可以避免上述困难。然而由于这一效应，特别是对软γ辐射的情况，比起原子壳层的吸收效应小得多，所以要由吸收实验测核能级寿命，对测量仪器精确度和稳定度的要求特别高。

穆斯堡尔认为，马姆福斯最先用到的方法看来特别适合这项测量。在这个方法中，用升高温度的办法使发射谱线和吸收谱线增宽，从而增加两谱线互相重叠的程度。如果因为反冲能量损失所导致的发射谱线和吸收谱线的相对位移，只不过是与线宽同数量级，温度升高就可以获得可测量的核吸收效应。对于191Ir的129keV跃迁，由于光子能量较小，谱线位移不大，即使在室温下两谱线之间也有相当显著的重叠。这样，不但温度增加，即使温度减小，也有可能在核吸收中得到可观测的变化。

穆斯堡尔在这两种可能性中选择了降低温度的方案。这主要是考

穆斯堡尔

虑低温下比高温下更容易得到化学束缚效应。在实验过程中，这一假设以意想不到的方式得到证明。把放射源和吸收体同时用液空冷却得到了令人费解的结果。他起初以为是吸收体冷却造成的某种效应。为了消除这些不需要的副效应，他后来把吸收体留在室温下，仅仅令放射源冷却。经过十分冗长的实验，这实验要求仪器极端稳定，得到的结果和预期的一致：比室温时吸收得略微少些，这些测量结果的计算最后得出了待测的寿命值。

在第二轮实验中，穆斯堡尔试图解释早先实验中同时冷却放射源和吸收体时出现的那些副效应。这一尝试的结果令人震惊：当吸收体冷却时，吸收不是按预期减小，而是猛烈增大。这一结果跟理论预计完全相反。

穆斯堡尔先后用铱（Ir）和铂（Pt）作为吸收体，分别测其透射强度$I_{Ir}$和$I_{pt}$，求比值$\triangle I$ $I=I\gamma-I$ $I$。他将吸收体的温度固定为88K，放射源的温度从88K升温到370K。实验结果表明，随着温度的升高，透射强度剧增，也就是说，共振吸收剧减。

面对这意想不到的结果，穆斯堡尔冷静地作出了理论分析。他注意到兰姆关于晶体中原子对中子的俘获过程的论文。兰姆假设在核能级跃迁时晶体的晶体状态不发生任何变化。这一前提给穆斯堡尔很大启发，使他认识到降温后截面增大（即透射强度比减小）的原因可能就是由于原子核与晶体间的束缚增强的缘故。兰姆研究的对象虽然不同，但处理方法完全可以借鉴。穆斯堡尔借助于这一现成的结论模式，把它移植到γ辐射的共振吸收问题上，很快就作出了理论计算。

按照这一思想很容易推想到，如果原子核完全被晶体束缚住，就可以得到更大的共振吸收截面，穆斯堡尔领悟到，这正是无反冲γ共振。他这样解释无反冲γ共振：束缚在晶体内的原子核在发射或吸收一个量子时，一般会使吸收反冲动量的晶格振动态发生变化。由于内能的量子化，晶体只能以分立的数量吸收反冲能量。随着温度的降低，内部能态被激发的几率越来越小。所以对于一部分量子跃迁的软γ射线来说，晶体将作为一个整体来吸收反冲动量。由于晶体具有

很大质量，在这种情况下发射或吸收的能量实际上不受损失，因而能够理想地满足共振条件。

利用γ射线共振效应，有可能出现一个不移位的强发射谱线，也有可能出现一个不移位的强吸收谱线。

理论解释固然重要，更重要的是用实验直接证明无反冲核共振谱线的存在。穆斯堡尔想到了默恩用高速转子产生多普勒频移的实验，默恩的实验是用多普勒效应补偿反冲能量损失，这里则是要靠相对运动来破坏共振条件，从而测出共振谱线的宽度。默恩用高速离心机驱动，速度高达800米／秒，这里只需要几厘米／秒就足够了。

穆斯堡尔意识到这是一个很重要的实验，就立即回到实验室准备实验。配置锥形传动机构需等许多时日，他实在等不及了，于是利用德国机械玩具工业发达的优越条件，花了一天时间在海德堡街上的玩具商店选购零件，立即建成了一台转动型的速度谱仪，这样就使日程加快了许多，不到半月，他就得到了与预期完全相符的结果。

应用穆斯堡尔效应可以研究原子核与周围环境的超精细相互作用，是一种非常精确的测量手段，其能量分辨率可高达10-13，并且抗干扰能力强、实验设备和技术相对简单、对样品无破坏。

由于这些特点，穆斯堡尔效应一经发现，就迅速在物理学、化学、生物学、地质学、冶金学、矿物学、地质学等领域得到广泛应用，形成了一门新的跨学科领域——穆斯堡尔谱学。

近年来，穆斯堡尔效应也在一些新兴学科，如材料科学和表面科学开拓了应用前景。

## J／ψ粒子的发现

在发现了电子及构成原子核的质子、中子后，物理学的研究进入了更小、更复杂的亚核粒子世界。但是物理学家很快就发现，以往的研究手段在亚核粒子领域无能为力。于是，从20世纪40年代起，物理学家便制造出一种更为先进的实验工具——加速器。美籍华裔物理学家丁肇中博士就是一位操纵着加速器驰骋于亚核粒子世界的实验物理学大师，并作出了极其重要的贡献。

从青年时代起，丁肇中对光子就有了深刻的印象，因为物理学的许多发展或多或少都与人们对光的认识有关，这种看法吸引他最后走上了研究光子、重光子(性质与光子相同，但有一定质量)的道路。"自然界中到底有多少种重光子，它们有什么性质？"这样的问题经常在他的大脑中出现。

1971年，丁肇中终于有机会去实现自己的理想，他受麻省理工学院之聘，主持该院布鲁克海文国家实验室的研究工作。当时理论上已经认为，两个质子相碰撞，会产生正、负电子对，而当正、负电子因相遇湮灭时有可能产生新的类光子粒子。以往进行的这类实验由于使用的电子对撞机能量有限，很难获得成功。但是丁肇中认为，尽管每十几亿次质子的碰撞才有一次机会出现正、负电子对，但布鲁克海文有能量为300亿eV的质子加速器，可以提供强大的质子流，实验极有可能成功。

1972年，当丁肇中提出要进行这项工作时，受到了很多的批评和责难。首先，有人认为他的这项工作复杂，成功可能性不大。丁肇中的回答十分简单："在美国波士顿的雨季，也许一秒内降下的雨有一百亿滴，假如其中有一滴的颜色稍有不同，我们要找的就是这一滴。"还有人认为像他那为了谋求微小的目标，动辄耗资千百万美金，不惜动用庞大的实验设备和人力，实在是不值得。但丁肇中的看法却是，物理学的研究坚持这样一条反比定律：珍宝越小，锁头越大。丁肇中就是要做一个最好的锁匠。

1972年，丁肇中的"冒险"工程启动了，首先为了防止来自加速器的强大粒子流危及工作人员的安全，为了排除所有来自外界的对探测仪可能的干扰，他们采取了严密的防护措施，用1万吨混凝土、100多吨铅和5吨肥皂把整个工作室屏蔽起来。

为了避免错过任何一次有价值的发现，丁肇中还制定了一套严格的工作制度，每30分钟检查一次仪器的工作情况，并规定物理学家必须跟班检查。他还吸取别人的经验教训，不在探测仪的灵敏度方面下大功夫，而是努力提高它的分辨本领，事实证明丁

肇中是正确的。

1974年夏天，所有的实验设备开动了。起初他们试图在40亿～50亿eV能量之间发现新东西，因为从理论上讲在这个量程里成功率最大，但是大半个夏天过去了，什么也没有发现。到了8月份，丁肇中及时修改实验方案，把能量降到30亿～40亿eV之间。很快，探测仪开始显示出结果，当把能量调到31亿eV时，仪器记录到的正、负电子对数突然成倍增加，并且集中在一个宽度为500万eV的能量区间。在排除了各种可能的因素后，丁肇中预感新的发现就要诞生了。

也许是作为实验物理学家慎重所致，丁肇中不急于宣布他们的发现。到了11月，他们已有了500个这种同类事件的记录，测量数据表明，他们的发现是一种新的、完全没有预料到的粒子。这种新粒子的质量为质子的3倍多，寿命约为1012秒。丁肇中命名这种粒子为J粒子，这是一个有意义的名字，J既是他的英文名的第一个字母，形状又与他的中文姓"丁"极为相似。

11月初，丁肇中去斯坦福加速器中心参加学术会议，加速器专家里克特教授也在这里进行着与他类似的工

丁肇中

作。会议之暇，他在斯坦福直线加速器实验室见到里克特，丁肇中拿出自己的实验报告说："教授，我有件工作上的要闻告诉你，你会对它有兴趣。"里克特看过报告后，立即表现出极度的兴奋，他说："丁博士，我也有重要的情况告诉你。"里克特的报告和丁肇中的报告并排放在一起，所有的实验结果、测量数据、理论分析完全一样。惟一的区别是丁肇中的发现为J(吉)粒子，里克特的发现为ψ(普赛)粒子

丁肇中感到事不宜迟，立即打电话告诉麻省的助手迅速公布成果。11月10日，《物理评论快报》

公布了J粒子的发现，几乎与此同时里克特也公布了自己的发现。由于发现的是同一种粒子，两人又未能在命名上达成一致，这种新粒子最后命名为J／ψ粒子。也就是说，在美国东海岸的麻省，人们叫它J，而在西部的斯坦福，人们又叫它ψ，如果你弄不清楚，就叫这种粒子为"吉卜赛"好了。

J／ψ粒子的发现，显示出物质结构的丰富多彩，使人们对基本粒子的认识前进了一大步。科学家通过对J／ψ粒子的深入研究，找到了通向物质微观领域更深层次的一条有效途径。1976年，丁肇中和里克特由于这一不约而同的发现而共同获得诺贝尔物理学奖。

在J／ψ粒子的发现之前，物理学上已经很长时间没有新粒子出现，从1957年发现反质子之后，活跃的物理学就进入"冬眠"状态，而J／ψ粒子的发现，标志着这一时期已经结束。全世界各国的物理学家纷纷放下手头的工作，改进原来的设备参与对J／ψ粒子的研究，他们确实发现了十几个与J／ψ粒子有关的新粒子，但它们都是J／ψ家庭的成员。

J／ψ粒子的发现和诺贝尔奖金的获得，使得丁肇中瞬间成为全世界知名的科学家。但丁肇中对此则很漠然，他认为不断有新的发现只不过是实验物理学家的日常工作。他还诙谐地说，他感到的惟一好处是，如果现在去任何一家中国饭馆去吃饭，不必拿出身份证人家就知道他是谁，并且得到了比以前更好的招待。

## 放射性元素的发现

### 放射性元素

"放射性"这个术语是居里夫人提出来的，用它来描述铀的辐射能力。

放射性元素（确切地说应为放射性核素）是能够自发地从不稳定的原子核内部放出粒子或射线（如 $\alpha$ 射线、$\beta$ 射线、$\gamma$ 射线等），同时释放出能量，最终衰变形成稳定的元素而停止放射的元素。这种性质称为放射性，这一过程叫作放射性衰变。含有放射性元素（如U、Tr、Ra等）的矿物叫作放射性矿物。

### 放射性元素家族

原子序数在84以上的元素都具有放射性，原子序数在83以下的某些元素如Tc、Pm等也具有放射性。

1789年，德国化学家M．H．克拉普罗特发现了铀。1828年，瑞典化学家I．J．贝采利乌斯发现了钍。在当时，铀和钍只被看作是一般的重金属元素。直到1896年法国物理学家H．贝可勒尔发现铀的放射性，以及1898年M．居里和P．居里发现钋和镭以后，人们才认识到这一类元素都具有放射性，并陆续发现了其他放射性元素。

### 放射性元素分类及用途

放射性元素分为天然放射性元素和人工放射性元素两类。

放射性元素（确切地说应为放射性核素）最早应用的领域是医学和钟表工业。镭的辐射具有强大的贯穿本领，发现不久便成为当时治疗恶性肿瘤的重要工具；镭盐在暗处发光，用于涂制夜光表盘。现在，放射性元素的应用已深入到人类物质生活的各个领域，例如，核电站和核舰艇使用的核燃料，工业、农业和医学中使用的放射性标记化合物，工业探伤、测井（石油）、食品加工和肿瘤治疗所使用的某些放射源等。

### 放射性元素发现

X射线发现以后，许多科学家都兴致勃勃地去研究这类新的、具有巨大穿透能力的辐射，法国物理学家

亨利·贝克勒尔就是其中之一。他的父亲亚历山大·贝克勒尔对"荧光"特别感兴趣(荧光是某些物质被日光的紫外线照射以后所发出的可见辐射)。老贝克勒尔曾对一种称为硫酸双氧铀钾的荧光物质进行了研究，而小贝克勒尔则想知道在硫酸双氧铀钾的荧光辐射中是否含有X射线，结果小贝克勒尔发现了更激动人心的铀的放射性。

放射性元素在发出射线的过程中会转变为另一种元素，这一现象是居里夫人在无意中发现的。有一次，居里夫人和她的丈夫为了弄清一批沥青铀矿样品中是否含有值得加以提炼的铀，对其中的含铀量进行了测定，但他们惊讶地发现，有几块样品的放射性甚至比纯铀的放射性还要大。这就很明显地意味着，在这些沥青铀矿石中一定还含有别的放射性元素。同时，这些未知的放射性元素一定是非常少的，因为用普通的化学分析方法不能把它们检测出来。居里夫妇带着十分激动的心情，搞到了几吨沥青铀矿，他们在一个很小的木棚里建了一个作坊，在很原始的条件下以极大的毅力在这些很重的黑色矿石中寻找这些痕量的新元素。1898年7月，他们终于分离出极小量的黑色粉

末，这些黑色粉末的放射性比同等数量的铀强400倍。这些黑色粉末含有一种在化学性质上和碲很相似的新元素，因此，它在周期表中的位置似乎应该处在碲的下面。居里夫妇把这个元素定名为钋，以纪念居里的祖国波兰。但是钋只是使黑色样品具有这样强的放射性的部分原因。因此，他们又把这项工作继续进行下去，到1898年12月，居里夫妇又提炼出一些放射性此钋还要强的东西，其中含有另一种在化学特性上和钡很相似的元素，居里夫妇把它定名为镭，意思是"射线"。居里夫妇为了收集足够多的纯镭以便对它进行研究，又进行了四年的工作。居里夫人在1903年就她所进行的研究写了一个提要，作为她的博士论文。这也许是科学史上最出色的博士论文，它使她两次获得了诺贝尔奖。居里夫人和她的丈夫以及贝克勒尔因在放射性方面的研究而获得了1903年的诺贝尔物理学奖，1911年，居里夫人因为她在发现钋和镭方面立下的功绩而单独获得了诺贝尔化学奖。钋和镭远比铀和钍不稳定，前者的放射性远比后者显著，每秒钟有更多的原子发生衰变。它们的寿命非常之短，因此，实际上宇宙中所有的钋和镭都应在一百万年左右的时间内全

部消失。那么，为什么我们还能在这个已经有几十亿岁的地球上发现它们呢？这是因为在铀和钍衰变为铅的过程中会继续不断地形成镭和钋。凡是能找到铀和钍的地方，就一定能找到微量的钋和镭。它们是铀和钍衰变为铅的过程中的中间产物。在铀和钍衰变为铅的过程中还形成另外三种不稳定元素，它们有的是通过对沥青铀矿的细致分析而被发现的，有的则是通过对放射性物质的深入研究而被发现的。

1899年，德比埃尔内根据居里夫妇的建议，在沥青铀矿石中继续寻找其他放射性元素，终于发现了被他定名为锕的元素，这个元素后来被列为第89号元素。1900年，德国物理学家多恩指出，当镭发生衰变时，会生成一种气态元素。放射性气体在当时是一种新鲜的东西，这个元素后来被命名为氡，并被列为第86号元素。1917年，两个研究小组——德国的哈恩和梅特涅小组、英国的索迪和克兰斯顿小组——又从沥青铀矿石中分离出第91号元素——镤。 到1925年为止，已被确认的元素总共已达88种，其中有81种是稳定的，7种是不稳定的。这样一来，努力找出尚未发现的4种元素(即第43，61，85，87号元素)就

**约里奥·居里夫妇**

成为科学家们的迫切愿望了。由于在所有已知元素中，从第84到92号都是放射性元素，因此，可以很有把握地预测第85和87号元素也应该是放射性元素。另一方面，由于第43号和第61号元素的上下左右都是稳定元素，所以似乎没有任何理由认为它们不是稳定元素。因此，它们应该可以在自然界中找到。由于第43号元素在周期表中正好处在铼的上面，人们预料它和铼具有相似的化学特性，而且可以在同一种矿石中找到。事实上，发现铼的研究小组认为，他们肯定已测出了波长相当于第43号元素的X射线。因此，他们宣称第43号元素已被发现。

但是他们的鉴定并没有得到别人的肯定。在科学上，任何一项发现至少也应该被另一位研究者所证实，否则就不能算是一项发现。

1926年，伊利诺斯大学的两个化学家宣称他们已在含有第60号和第62号元素的矿石中找到了第61号元素。同年，佛罗伦萨大学的两个意大利化学家也以为他们已经分离出第61号元素。但是这两组化学家的工作都没有得到别的化学家的证实。几年以后，亚拉巴马工艺学院的一位物理学家报道说，他已用他亲自设计的一种新的分析方法找到了痕量的第87号和第85号元素，但是这两项发现也都没有得到证实。后来发生的一些事情表明，第43，61，85和87号元素的所谓"发现"，不过是这几位化学家在工作中犯了这样或那样的错误。

在这4种元素当中，首先被确定无疑地证认出来的是第43号元素。曾经因发明回旋加速器而获得诺贝尔物理学奖的美国物理学家劳伦斯，通过用高速粒子轰击第42号元素钼的方法，在他的加速器中产生了第43号元素。被轰击过的材料变成了放射性的物质，劳伦斯便把这些放射性物质送到意大利化学家赛格雷那里去进行分析，因为赛格雷对第43号元素的问题很感兴趣。赛格雷和他的同事佩列尔把有放射性的那部分物质从钼中分离出来以后，发现它在化学特性上和铼很相似，但又不是铼。因此他们断言，它只能是第43号元素，并指出它和周期表中与之相邻的元素有所不同，是一种放射性元素。由于它不能作为第44号元素的衰变产物而不断产生出来，所以事实上它在地壳中已不复存在。赛格雷和佩列尔就这样终于取得了命名第43号元素的权利，他们把它定名为锝，这是世界上第一个人工合成的元素。

1939年，第87号元素终于在自然界中被发现了。法国化学家佩雷在铀的衰变产物中把它分离了出来。由于它的存在量极小，所以只有在技术上得到改进以后，人们才能在以前未能找到它的地方把它找出来。佩雷后来把这个新发现的元素命名为钫。第85号元素和锝一样，是在回旋加速器中通过对第83号元素铋进行轰击而得到的。1940年，赛格雷、科森和麦肯齐在加利福尼亚大学分离出第85号元素。第二次世界大战中断了他们在这个元素方面所进行的工作，战后他们又重新进行，并在1947年提出把这个元素命名为砹。与此同时，第四个也是最后一个尚未被发现的元素，第61号元素也在铀的裂变产物中发现了。橡树岭国立实验室的马林斯基、格伦丁宁和科里尔这三位化学家在1945年分离出第61号元素，他们把它命名为钷。这样，元素一览表，从第1号至92号，终于全部齐全了。

但是，从某种意义上说，向元素进军的最艰巨历程才刚刚开始，因为科学工作者已经突破了周期表的边界。原来，铀并不是周期表中最后一个元素。

# 化学发现

HUA XUE FA XIAN

　　20世纪，化学学科受到人类日益增加的物质需求和科学技术迅猛发展的推动，不仅形成了完整的理论体系，而且在理论的指导下，为人类创造了丰富的物质。一方面，人们已经上升到分子的层次上认识和研究化学，并且对生物分子的结构与功能关系的研究促进了生命科学的发展。另一方面，化学过程工业已经深入到与化学相关的国计民生的各个领域，如粮食、能源、材料、医药、交通、国防以及人类的衣食住行用等。

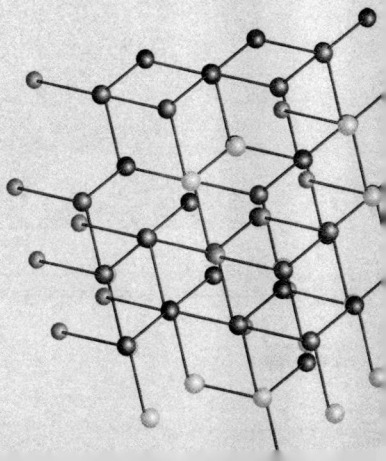

## 稀有气体的发现

1869年，俄国化学家门捷列夫发明的元素周期表为当时尚未发现的一些元素留出了空位，但其中没有一个是留给稀有气体元素的。因为当时尚未提出原子序数的概念，科学家很难联想到两种极端活泼的元素之间(如F与Na之间)会存在一种极端不活泼的某元素。所以稀有气体的发现，尤其是在第一种元素氩的发现中，体现了科学家的勇于探索和高度警觉的精神。

作为优秀的科学家，英国化学家拉姆赛和物理学家瑞利在各自测定氮

门捷列夫

气密度时发现：从空气中去掉氧、二氧化碳和水蒸气以后得到的氮气，测得的密度是1.2566g/L；而从氨中分解制得的氮气，它的密度是1.2508 g/L，两者总是相差0.0058 g/L。凭着对实验新现象的高度警觉性和善于发掘新现象中可能具有内涵的直觉性，他们判断这种差值是由于取自空气的氮气中存在某种比氮气密度大的气体杂质所造成的。于是，他们就一起合作来解决这个科学上的难题。

1894年8月13日，他们在实验室将空气分段处理，用干燥剂除水，碱石灰除二氧化碳，热铜屑除氧。然后，再让气体一次又一次地流过装有赤热的镁屑的瓷管，最后分离出不与镁反应的气体，

装入电极发光玻璃管内，通过光谱仪发现光谱中有橙色和绿色的谱线，表明这是一种新元素。由于这种新发现的气体元素，跟氢、氯、氟、碳、硫和各种金属都不发生化学作用，在加温、加压或用电火花、铂等作催化刘，也不跟任何物质反应，故将其命名为氩。

此后到1900年的6年间，拉姆赛在空气中又发现了氖、氪、氙、氦，氡则是由德国化学家多恩在镭放射实验研究中发现的。同时拉姆赛又确定了它们在元素周期表中的位置，而独

获1904年诺贝尔化学奖。

这一群气体被发现后，由于性质极不活泼，不与任何物质发生化学反应，原子结构最外层都有8个电子(氦为2个)的稳定结构，所以人们称它们为"惰性气体"。甚至有化学家下结论说：惰性气体元素不可能形成化合物。其族编号为"0"也暗示了这种含意(即只有零价的氧化态)。

## 镭的发现

镭，是一种化学元素。它能放射出人们看不见的射线，不用借助外力，就能自然发光发热，含有很大的能量。镭的发现，引起科学和哲学的巨大变革，为人类探索原子世界的奥秘打开了大门。由于镭能用来治疗难以治愈的癌症，也给人类的健康带来了福音。所以，镭的发现者居里夫人被誉为"伟大的革命者"。

发现镭元素的是一位杰出的女科学家。她原名叫玛丽·斯可罗多夫斯卡，1867年11月7日生于波兰。1895年在巴黎求学时，和法国科学家彼埃尔·居里结婚，也就是后来为世人所熟知的居里夫人。

1896年，法国物理学家亨利·贝克勒发现了元素放射线。但是，他只

居里夫人

是发现了这种光线的存在，至于它的真面目，还是个谜。这引起了居里夫人极大的兴趣，激起了她童年时就具有的探险家的好奇心和勇气。

1897年，居里夫人根据皮埃尔·居里的建议，选放射性这一新课题做博士论文。开始只是重复贝克勒尔的铀盐辐射实验，她用石英晶体压电秤代替贝克勒尔的验电器测放射性的方法不但得到了定性的结果，而且获得了大量精确的数据。

居里夫人首先检验了贝克勒尔的结论，证实新辐射的强度仅与化合物中铀的含量成正比，与化合物的组成无关，也不受光照、加热、通电等因

素的影响，肯定这是一种原子过程。但她并不满足于这一结论，决定全面检查已知的各种元素。她找来各种矿石和化学物品，一一做了试验。1898年取得的初步结果表明：绝大多数材料的电离电流都比较小，唯独沥青铀矿石、氧化钍和辉铜矿石（内含磷酸铀）会产生很强的电离电流。于是，居里夫人断定钍也是一种放射性元素。她还发现沥青铀矿石和辉铜矿石比纯铀的活性还强得多。居里夫人想到，既然两种铀矿石都比铀自身还更活泼，从这个事实可以相信，在这些矿石中可能含有比铀活泼得多的元素。

居里夫人认为，既然不止一种元素能自发地放出辐射，显然这是一种普遍的自然现象，上述实验只是提供了新放射性元素存在的证据，进一步的任务就是要找到这种新的元素。她认为，这种还未被发现的新元素，只是极少量地存在于矿物之中。她把它定名为"镭"，在拉丁文中，它的原意就是"放射"。彼埃尔同意这种见解，可是当时有很多科学家并不相信。他们认为这可能是实验出了错误，有的人还说："如果真有那种元素，请提取出来，让我们瞧瞧！"

居里夫人预料到从矿石中提炼新的微量元素绝非轻而易举的事，但她还是决心投入极其繁杂的化学分析中

去。皮埃尔·居里认识到她这个决定的重要意义，就中断了自己的研究计划，尽力协助夫人进行实验。

1898年7月，他们从沥青铀矿分离出铋的成分显示强烈的放射性，比同样质量的铀强400倍。他们进一步确证，放射性并不是来自铋本身，而是混在铋内的一种微量元素，经过反复试验，从首先沉淀下来的渣物中找到了特别强的放射性物质。居里夫妇建议称之为钋，为的是纪念祖国波兰。

接着，居里夫妇继续进行分离试验，又发现钡盐中有更强的放射性，他们认为还有第二种物质，放射性更强，化学性质则与第一种完全不同，用硫化氢、硫化铵或氨都无法使之沉淀；这种新的放射性物质在化学性质上完全像纯钡，其氯化物可溶于水，却不溶于浓盐酸和酒精。由它可得钡的光谱。他们认为，这种物质中必定还有一种化学性质极其接近于钡，却能产生非常强烈的放射性的新元素。

他们进行了一系列的分离，得到越来越活泼的氯化物，其活性竟比铀大900倍以上。他们把这种新的放射性元素命名为镭。

居里夫妇用分离结晶的方法不断提高含镭氯化钡中镭的成分。1899年，居里夫妇得到的晶体比铀的放射

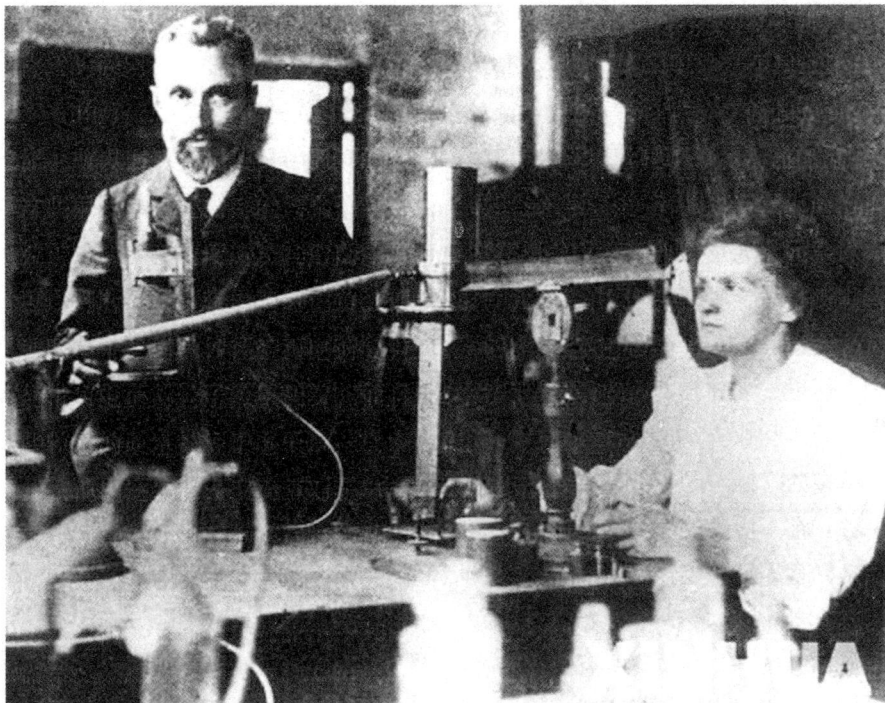

**居里夫妇在实验室**

性强7500倍，后来竟达到了1万倍，然而仍然不是纯粹的镭盐。

为了提炼出足以进行实验的纯镭盐，居里夫妇不得不从更多的矿渣中分离含镭的氯化钡。经过四年的奋斗，他们终于从8吨矿渣中提取出了0.1克的纯镭盐，接着又初步测定了镭的原子量。1902年，居里夫妇宣布，他们测得镭的原子量为225，找到了两根非常明亮的特征光谱线。这时，镭的存在才得到公认。

1906年，彼埃尔·居里在一场意外的车祸中丧生。居里夫人极为哀痛，但这并没有动摇她献身科学的意志，她决心把与丈夫共同开拓的科学事业进行下去。1910年，居里夫人成功地分离出金属镭，分析出镭元素的各种性质，精确地测定了它的原子量。同年，居里夫人出版了她的名著《论放射性》，并出席了国际放射学理事会。会上制定了以居里名字命名的放射性单位，同时采用了居里夫人提出的镭的国际标准。

居里夫人曾两次获得诺贝尔奖。

她是巴黎大学第一位女教授，是法国科学院第一位女院士，同时还被聘为其他15个国家的科学院院士。在她的一生中，共接受过7个国家24次奖金和奖章，担任了25个国家的104个荣誉职位。但居里夫人从不追求名利。她把献身科学，造福人类作为自己的终生宗旨。

居里夫人和她的丈夫决定放弃炼制镭的专利权。她认为，那是违背科学精神的。她曾经对一位美国女记者说："镭不应该使任何人发财。镭是化学元素，应该属于全世界。"这位记者问她："如果世界上所有的东西任你选挑，你最愿意要什么？"她回答："我很想有1克纯镭来进行科学研究。我买不起它，它太贵了！"原来，居里夫人在丈夫死后，把他们几年艰苦劳动所得，价值百万法郎的镭，送给了巴黎大学实验室。

这位记者深为感动。她回到美国后，写了大量文章，介绍居里夫妇，并号召美国人民开展捐献运动，赠给居里夫人1克纯镭。1921年5月，美国哈定总统在首都华盛顿亲自把这1克镭转赠给居里夫人。在赠送仪式的前一天晚上，居里夫人又坚持要求修改赠送证书上的文字内容，再次声明："美国赠送我的这1克镭，应该永远属于科学，而绝不能成为我个人的私产。"

# 极谱波和极谱分析法

1873年，利普曼在制作毛细管电量计时，研究电解质溶液和汞的接界面上的表面张力和外加在汞电极之上的电压之间的关系。1903年，科塞拉先称量汞滴重量，并以此来测定不同电压下汞的表面张力。另外，他又以汞滴重量对极化电压作图，得到了毛细管曲线，并发现了次纹极大的现象。

著名物理学家海洛夫斯基于1918年，重新研究了这种现象，指出次纹极大的现象是空气中的氧造成的。重要的是，海洛夫斯基在这次研究中发现均匀下滴的汞阴极非常适于研究电解过程，并且还发现在电解过程中的扩散电流比表面张力对滴汞表面电化反应更易于测量。在研究中，他又总结了电流－电极电位曲线，从而发展成为极谱。紧接着海洛夫斯基提出，依据这种曲线的位置和形状可以作为被电解物质进行定性定量测定的基础，就是后来发展起来的极谱分析法。

在极谱分析中，电池为特殊类型的电解槽（内含有分析溶液），此电解槽含有滴汞电极，分析物就在滴汞表面发生反应产生电流，电流对施加电压的特殊曲线，则称为极谱波。

极谱波是电流对施加于极谱电位作图的图样，特征是电流区域陡直上升后，电流呈现接近水平的直线，此定值电流称为极限电流，代表反应物传送至电极表面的速率以达到最大值，使滴汞电极完全被极化。另外，当电流为极限电流的一半值时之电位，称半波电位，各分析物的半波电为皆不同，且与浓度无关，用以鉴定产生极谱波的物种。

极谱测定需在0～3.0V间不断改变电压，且外施电压需精确至0.01V，电流计能测出0.01MA的电流。实验的成功与否与滴汞电极的再现性有关，滴汞电极由汞储槽使汞经过毛细管，滴落时间约2～6秒，必须小心使毛细管不致阻塞，使用后也必需仔细清洁后备用。

极谱分析法广泛用于分析无机物（例：金属）、某些无机酸根离子（例：碘酸根离子、重铬酸根离子、亚硒酸根离子等）以及数种有机物的官能基。无机酸根离子在极谱分析时易受PH值影响，需使用缓冲溶液稳定。

1925年，海洛夫斯基

和日本人志方道三发明了第一台可以自动照相记录的极谱仪，用这种仪器他们获得了铅、锌和硝基苯的极谱图。至1934年，尤考维奇提出扩散电流理论，随后又导出了著名的尤考维奇方程式，这一方程式反映了去极平均极限扩散电流和其浓度之间的关系。从而奠定了经典极谱定量分析理论基础。1935年，极谱波的方程式在海洛夫斯基和尤考维奇的共同努力下问世了，从理论上解释了去极剂的半波电位与其浓度无关。

极谱分析法又称极谱术，它的发明者海洛夫斯基于1959年获得诺贝尔化学奖。

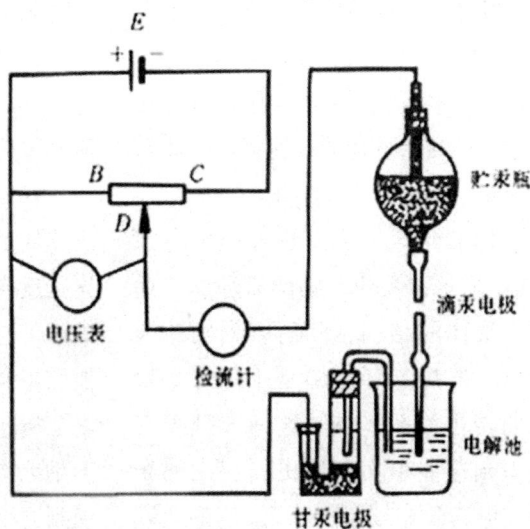

**极谱法的基本装置**

## 双烯合成反应的发现

双烯合成反应是共轭双烯体系与烯或炔键发生环加成反应而得环己烯或1，4-环己二烯环系的反应。在这类反应中，与共轭双烯作用的烯和炔称为亲双烯体。亲双烯体上的吸电子取代基（如羰基、氰基、硝基、羧基等）和共轭双烯上的给电子取代基都有使反应加速的作用。

双烯合成反应又被称为狄尔斯—阿尔德反应，由共轭双烯与烯烃或炔烃反应生成六元环的反应，是有机化学合成反应中非常重要的碳碳键形成的手段之一，也是现代有机合成里常用的反应之一。该反应是德国化学家奥托·狄尔斯和他的学生库尔特·阿尔德于1928年发现的，他们也因此获得1950年的诺贝尔化学奖。

1892年，齐克发现并提出了狄尔斯-阿尔德反应产物四氯环戊二烯酮二聚体的结构，随后，列别捷夫指出了乙烯基环己烯是丁二烯二聚体的转化关系。虽然这两人都没有认识到这些事实背后更深层次的东西，但为狄尔斯-阿尔德反应的研究打下了基础。

1906年，德国慕尼黑大学研究生阿尔布莱希特按导师席勒的要求做环戊二烯与酮类在碱催化下缩合，合成一种染料的实验。当时他们试图用苯醌替代其他酮做实验，但是苯醌在碱性条件下很容易分解，实验没有成功。阿尔布莱希特发现不加碱反应也能进行，但是得到了一个没有颜色的化合物。阿尔布莱希特提了一个错误的结构解释实验结果。

1920年，德国人冯·欧拉和学生约瑟夫研究异戊二烯与苯醌反应产物的结构。他们正确地提出了狄尔斯-阿尔德产物结构，也提出了反应可能经历的机理。事实上他们离该反应的发现已经非常近了。但冯·欧拉并没有深入研究下去，因为他的主业是生物化学（后因研究发酵而获诺贝尔奖），对狄尔斯—阿尔德反应的研究纯属娱乐消遣性质的，所以狄尔斯-阿德尔反应再次沉没下去。

1921年，狄尔斯和其研究生巴克研究偶氮二羧酸乙酯（半个世纪后因光延反应而在有机合成中大放光芒的试剂）与胺发生的酯变胺的反应，当他们用2-萘胺做反应的时候，根据元素分析，得到的产物是一个加成物而不是期待的取代物。狄尔斯敏锐地意识到这个反应与十几年前阿尔布莱希特做过的古怪反应的共同之处。

这使他开始以为产物是类似阿尔

布莱希特提出的双键加成产物。狄尔斯很自然地仿造阿尔布莱希特用环戊二烯替代萘胺与偶氮二羧酸乙酯作用，结果又得到第三种加成物。通过计量加氢实验，狄尔斯发现加成物中只含有一个双键。如果产物的结构是如阿尔布莱希特提出的，那么势必要有两个双键才对。这个现象深深地吸引了狄尔斯，他与另一个研究生阿尔德一起提出了正确的双烯加成物的结构。

1928年他们将结果发表。这标志着狄尔斯–阿德尔反应的正式发现。在他们的论文中，两位作者很深远地看到了这个反应对有机合成观念的颠覆作用，他们预言了该反应日后将在天然产物合成领域的重大意义。

一次狄尔斯–阿尔德反应可以生成2个碳碳键和最多4个相邻的手性中心，所以在合成中很受重视。如果一个合成设计上使用了狄尔斯–阿尔德反应，则可以大大减少反应步骤，提高了合成的效率。很多有名的合成大师都擅长在复杂天然产物的合成中运用狄尔斯—阿尔德反应，比如罗伯特·伯恩斯·伍德沃德、艾里亚斯·詹姆斯·科里、丹尼谢夫斯基等等都是应用狄尔斯—阿尔德反应方面的高手。

## 芳香性的发现

芳香性是一种化学性质，其中的共轭系统特别稳定。组成该系统的化学键、原子轨道和电子独立起来的稳定性都比该系统弱得多。这些共轭键可以理解成单和双的共价键的融合，每个键的长度是一样的。这个理论最初由凯库勒提出来，他认为苯有两个共振形态，并有单和双的共价键互相转换。

凯库勒最初在苯之中发现芳香性这种特性，1931年有人以量子力学来解释此现象。当年亦证实芳香性之中的 $\pi$ 电子的数量必定是 $4n+2$ 的定律，和肯定芳香族分子的环必定是平面。

芳香性化合物的特征：被分类为芳香性的化合物通常有以下的条件：

奥托·狄尔斯

1.有一些离域电子组成一些π键，并且令整个环系统可以当成单与双共价键的组合；

2.那些付出离域电子作π键的原子都要处于同一个平面；

3.那些原子要组成一个环；

4.组成π键的电子总数要是(4n+2)，即不是4的倍数的双数(休克尔规则)

5.有能力进行亲电芳香取代反应和亲核芳香取代反应。

苯就是一个好例子，它适合以上所有条件，并且有6粒离域电子(即n=1)。有4n+2粒Ⅱ电子的化合物通常都是芳香性的。环丁二烯只有4粒离域电子，所以不属于芳香性化合物。这些只有4n粒π电子而又是平面的环状化合物叫作反芳香性化合物。

非芳香族的有机物就叫做脂肪族，芳香族比脂肪族在化学上更稳定。那些离域的π电子会产生一种磁场，而且可由核磁共振的技术来探测。

在商业中最重要的芳香化合物就是苯和甲苯，每天的产量极多。人们从石油中得到的苯和甲苯可用来作其他极有用的日用品材料，包括苯乙烯、苯酚、苯胺及尼龙。

芳香性化合物大致可分为：简单的芳香化合物、多环芳香化合物和杂环化合物。

凯库勒

1.简单的芳香化合物

大量的有机化合物的结构中都包含简单的芳香性环，例如：DNA，其中包含嘌呤、嘧啶；三硝基甲苯，有苯环；乙酰水杨酸，有苯环；对乙酰氨基酚，有苯环。

2.多环芳香化合物

多环芳香化合物中有一类多环芳香烃，其分子由超过一个不包含杂环或取代基的芳香环融合在一起，并同时分享两个碳原子所组成，其中大部分都是致癌物质，例如：萘、蒽、菲、吲哚、喹、异喹啉。

3.杂环化合物

杂环化合物中组成环的原子不仅

包括碳，还包括氮、氧或硫等原子，例如：吡啶被用作溶剂或化学中间体。呋喃的芳香性比苯小，比苯更容易反应。从呋喃衍生出的四氢呋喃是常用的试剂和溶剂。呋喃被用作化学的中间体，亦是致癌物质。

## 氢的同位素——氘

同位素是原子序数相同而质量数不同的核素，在元素周期表中占同一位置。例如，氧有三种稳定同位素即16O、17O和18O，其中，16O含量占99.76%。同位素的概念是英国化学家索迪在1910年首先提出来的。他说："一种化学元素存在着两种或两种以上的同位素，这可能是自然界中的一种普遍现象。"时隔三年，汤姆逊研究氖原子在电磁场中的偏转时，区分出20Ne和22Ne，证实了同位素的存在。1919年，英国的阿斯顿设计和制造了质谱仪，用它进一步发现同位素，并准确测定同位素的质量及其相对丰度。

到此为止，同位素的概念已经清楚了，测试手段也提高了，似乎元素周期表中的元素只要一个个测试过来就"万事大吉"了。实际上并不如此简单。科学的道路上没有平坦

的道路。从古代到19世纪中期，化学家知道了许多元素，都是零乱地编排的，后来，俄国科学家门捷列夫创造了元素周期律，才确立了第一个元素周期表，为发现新元素指明了方向。同样，在20世纪20年代，同位素发现后，哪些元素有同位素，哪些元素没有同位素，还没完全弄清楚。特别是首席元素——氢，有的说有可能存在着氢的同位素，有的说氢元素是没有同位素的。众说纷纭，莫衷一是。

尤里希望能找出一个探索同位素的规律来，于是，他在实验室的墙上挂了一个图表。把已发现的元素和同位素都画上，看看有什么规律。经过一段时间的思考和推测，他想：氢元素应该还有2H和3H两个同位素。这样的揣测显然难以使人信服。

凑巧的事情来了。1931年，伯奇和泽尔在比较化学法和质谱法测定原子量的结果时发现，如果把质谱法的测定值换算成以化学法为标准，那么，两者之间的误差就超过实验误差范围。仅仅根据这样的测算，他们预言，氢元素可能存在着氢的同位素氢1和氢2。而含原子量为2的氢同位素，约占氢的1/4500。

尤里听到这个预言，并不去深究它是否正确，而是立即闻风而动，深入研究起来。很可能有他的教师路易

斯教授的影响，因为路易斯一直坚持"氢是有同位素"这个观点。现在，伯奇和门泽尔又预言确有氢的同位素，这无疑是对他们研究工作的一种推动。当时正好他的一个助手把大量的液态氢缓慢地蒸发后，在玻璃瓶里剩下的几滴液体送给尤里做实验。尤里得到这个样品，如获至宝，立即采用光谱分析法以便观察光谱线的波长，结果发现确实有原子量为2的氢的同位素，它约占氢的1／4000。他把这个发现公布于世，并且命名为氘，从此，世界上都承认尤里发现了2H同位素。仅仅过了三年，瑞典皇家科学院宣布1934年的诺贝尔化学奖授予尤里教授。

就在这一年，英国化学家阿斯顿发表文章指出伯奇和门泽尔的测量有错误。但是，尤里是十分感激他们的，他坦诚地对人说："如果没有伯奇和门泽尔两个的预言，也许我不会去寻找氘，那么，氘的发现也许要拖延很久。"这真所谓"无巧不成书"。尤里发现氘的创造性思维，正好同伯奇和门泽尔的预言相碰撞，结果是真正的氘被检测出来了。

氘的发现对世界影响非常大，它不仅是20世纪30年代的重大发现，结束了关于氢有没有同位素的争论；更为科学界注目的是氘能产生巨大的威力。

尤里

尤里发现氘不久，第二次世界大战爆发了，美国的"曼哈顿计划"研制成功了原子弹。原子弹的威力从广岛和长崎的爆炸中就可窥一斑，可是，如果原子弹同用氘做核燃料的氢弹相比，那就是"小巫见大巫"了。

1952年11月1日，美国在马绍尔群岛的一个小岛上试验氢弹爆炸。爆炸的力量相当于1000万吨TNT爆炸时的能量。这一数字是投在广岛那颗原子弹的数百倍。如果在战争中使用氢弹的话，对人类会造成多大的危害，真是难以想象。鉴于此，和平利用原子能的问题一直是科学家们长期积极探索的课题。

## 锕系元素的发现

锕系元素即89～103号元素，位于元素周期表第七周期第二副族的同一格内，都是放射性元素，从1789年发现第一个锕系元素铀到1968年发现最后一个元素铹，经历了将近180年的时间，锕系元素的发现，为元素家族增加了新成员。

1899年，法国化学家德比尔纳由沥青铀矿制得了89号元素锕。他先将沥青铀矿溶解，然后加氨水产生沉淀，从沉淀物中发现了未知的X谱线，从而认为沥青铀矿中含有新的放射性元素，并把它分离出来，命名为"Actimium"，简写为Ar，中文名称为锕，在元素周期表中排在第89号。

90号元素钍（Th）是由瑞典化学大师贝采里乌斯于1828年发现的。

贝采里乌斯是斯德哥尔摩大学教授，长期从事教学、科研工作，他对化学的贡献涉及许多重要领域、其中很重要的一个方面就是发现了三种化学元素、钍是其中一种。1815年，贝采里乌斯在分析瑞典法龙产的一种矿石时，发现了一种新的化合物，他认为是一种新金属的氧化物，为了纪念北欧雷神，把这种新金属命名为

Thorium，即钍。但十年后，他通过进一步研究否定了自己的这一发现，到1828年，贝采里乌斯通过研究挪威西南部勒佛岛产的一种黑色矿石，发现了元素钍（Th）。到了1898年，居里夫人在巴黎、斯密特在德国分别独立发现了钍具有放射性，这种发现给科学界开辟了一条新的研究道路，导致了一大族放射性元素的发现。

91号元素镤(Pa)是由德国化学家哈恩和奥地利物理学家迈特纳，英国科学家索迪和克兰斯顿于1917年分别从沥青铀矿的残清中发现的。

哈恩在伦敦大学从事放射化学研究，后跟随卢瑟福学习放射性学理论，1910年被任命为柏林大学教授，1912年担任德国皇家学会化学研究所所长，1917年和迈特纳一起发现了镤。

镤在放射性衰变过程中进行 $\beta$ 蜕变，变成元素锕，因此镤被命名为"protactinium"，意即"原始的锕"，中文名称为镤（Pa）。

92号元素铀（U）是由德国化学家克拉普罗特于1789年发现的，他用一种沥青铀矿做实验，先在沥青铀矿中加入硝酸使其溶解，然后再加入碳酸钾中和，得到一种黄色沉淀，接着用木炭高温还原，得到有金属光泽的黑色粉末状固体，他断定这是一种

新的元素，并认为就是金属铀。51年后，1841年法国的佩杜高特证实了克拉普罗特得到的具有金属光泽的黑色粉末是铀的氧化物二氧化铀。于是他又将钾与无水氧化铀放在白金钳祸中，密闭加热还原，从而制取得到了92号元素——金属铀，克拉普罗特将92号元素命名为Uranium，即天王星的名字。中文为铀，元素符号为U。

1940年，93号元素镎（Np）由美国物理学家麦克米伦和阿贝尔森在加利福尼亚大学用中子轰击铀238时而获得，麦克米伦和阿贝尔森用海王星的名字命名获得的新元素，即Neptunium，表示它是紧挨铀后面的一个元素，中文名称为镎（Np）。镎是第一个被发现的人工合成的超铀元素，镎的发现突破了古典元素周期系的界限，开辟了发现铀后面元素的道路，奠定了现代元素周期系和建立了锕系元素的基础。

1940年末，94号元素钚（Pu）由美国科学家西博格、麦克米伦、沃尔、肯尼迪等四人在加利福尼亚大学用氘轰击铀而获得，当时他们认为钚是最后一个超铀元素，因此用当时认为的太阳系中最外层的行星——冥王星的名字给这一新元素命名，为"Plutonium"，元素符号为Pu。

在1940～1941年间，美国科学家西博格·詹姆斯、摩根、乔克等人在被一个反应堆辐射过的杯钚中发现了镅，后来他们在芝加哥大学冶金实验室用中子轰击钚而得到新元素镅，为了纪念发现它的美洲大陆，命名为Americium，元素符号Am，中文名称为镅。

1944年，西博格等四人在同一个实验室用回旋加速器加速的氦离子轰击钚23而获得了96号元素锔，为了纪念居里夫妇，他们将新元素命名为锔，元素符号为Cm。

1942年的12月，西博格、汤普生、乔克三人在加利福尼亚的劳伦斯实验室，用回旋加速器以35MeV能量的氦离子轰击241Am（镅）而得到质量数为243的97号元素的同位素。

第二年的2月，他们又用同样由回旋加速器加速的氦核轰击百万分之几的242Cm（锔）靶，得到了质量数为248的98号元素的同位素。由此，用人工的方法又合成了97、98号元素，为了纪念这两种元素的发现地——伯克利城和加利福尼亚，他们分别把97、98号元素命名为"Berkelium"和"Californium"，中文名称分别是锫和锎，元素符号为"Cc"和"Cf"。

1952年，美国原子能委员会的阿拉莫斯、乔克、西博格等人从一次氢弹

爆炸的碎片中发现了99和100号元素，同时乔克等人在用碳核轰击钚时，也得到了这两种元素，为了纪念伟大的物理学家爱因斯坦和意大利物理学家费米，分别把99、100号元素命名为"Einsteinium"和"Fernium"，中文名称分别为"锿""镄"，元素符号为Es和Fm。

乔克、西博格、汤普生、哈维等人于1955年在回旋加速器中用加速的41MeV能量的氦轰击少量253Es（锿），得到极少量(约17个原子)的101号元素，并将它命名为"Mendelevium"，这是为了纪念伟大的俄国化学家门捷列夫，其中文名称为"钔"，元素符号为Md。

1958年，西博格、乔克和塞格瑞用碳离子轰击锔而得到了102号元素，为纪念科学家诺贝尔，将该元素命名为"Nobelium"，元素符号为No，中文名称为锘。

1968年，乔克、西克兰和拉希等在回旋加速器中用B—11离子轰击250Cf，得到少量103号元素。1968年，苏联的杜布纳实验室用氧—18离子轰击镅—243，发现了103号的另一种同位素，为了纪念回旋加速器的发明者——劳伦斯，把103号元素命名为"lawrencium"，元素符号为Lw，中文名称为铹。1963年元素符号改为Lr，一直沿用至今。

89～103号元素的发现和人工合成，使门捷列夫提出的元素周期表更加完整，同时为核化学的建立奠定了基础。

## 稀土元素的发现

从1794年芬兰化学家加多林首先发现稀土元素钇，直到1947年美国化学家马伦斯基等三人从铀裂变产物中分离得到钷为止，整整用了150年之久，才把17个稀土元素全部分离出来。

稀土元素(也叫稀土金属)包括周期表中原子序数为21的钪，39的钇与原子序数为57至71的15个镧系元素——镧、铈、镨、钕、钷、钐、铕、钆、铽、镝、钬、铒、铥、镱、镥，共计17个，是元素周期表中最大的一族，在天然产出的83个元素中，稀土元素占五分之一。

稀土元素比其他常见元素发现的较晚，原因有两方面：一是因为它们在自然界的存在过于分散，但含量并不稀少，总含量与铅、锡、锌等常见金属相近；二是因为它们的原子结构相似，其化学性质非常相近，又由于它们的化学性质活泼，不易还原为金属，所以要识别、分离、制备纯的单一稀土元素很困难。

由于稀土元素具有外层电子结构基本相似，差别只在倒数第三电子层的电子数目，而且能级相近的这种特殊的电子构型，因此在光、电、磁等方面有独特的性质，被誉为新材料的宝库。美国国防部公布的35种高科技元素，其中包括了除钷以外的16种稀土元素。日本科技厅选出了26种高科技元素，16种稀土元素也全部当选。所以，稀土作为具有重大应用价值的化学元素，已在催化、化工、玻璃、陶瓷、能源、医学、纺织和农业等许多领域起到举足轻重的作用。

稀土荧光材料主要应用铕、铽、钇、钆等元素。自20世纪60年代稀土氧化物实现高纯化以来，这个领域相继出现重大技术突破：彩电荧光粉，医用荧光粉，灯用荧光粉等的开发、生产与应用取得了惊人的发展。已成为稀土高科技开发的首要领域。

彩电彩屏的亮度和清晰度的提高，就是发现了硫氧钇铕在电子激发下产生鲜艳的红色荧光，并促使了彩电业的大规模发展。

使用单晶态荧光材料吸收X—射线辐射转换成可见图像，可进行X—射线层析造影术，即所谓的CT扫描。利用X—射线透过人体的大量断面测量，最终可获得完整的三维图像。

三基色节能荧光灯粉的研制，是电光源的新发展，按中国每年生产两亿只白炽灯泡计，若用1/10被稀土三基色节能灯所代替，即可节约18亿度照明用电。但目前在国内外这种荧光材料成本太高，灯管寿命还有待提高、以致影响推广使用。

稀土作为微量元素肥料，可以促进植物生长发育，从而提高了单位面积产量。施用适当的稀土，可以提高谷物产量约10%～15%，可使西瓜含糖量提高15%～20%等。这对我国这样一个幅员广大，人口众多的国家来说，无疑是一件大事。

含稀土的第一代、第二代及正在研究开发的第三代高磁能积永磁体，应用于电机制造，可使电动机体积大大缩小，趋向微型化和高效化，从而在自动化方面产生深远的影响。

在钇铝石榴石中加进一些钕，可以使平行光汇集成强大的光束，这是激光器的关键材料。军事上新出现的激光枪，激光炮要用到它，在反坦克的装置中也要用到它；在医学上，还可以用这种激光器"焊接"剥落的视网膜，或切除肿瘤，人们称它为不流血的"光刀"。

稀土元素在冶金工业中的用途很广。将少量的稀土元素加入各种金属或合金中，能够改进金属或合金的性

稀土

质，如机械性能、电学性能、光学性能、抗蚀性、耐热性和加工性能等。

铈、铒、镨和钕等氧化物可用来制造高折射率，低分散性的优质光学玻璃。加钕的玻璃显玫瑰红色，含镨的玻璃显绿色。

含稀土的分子筛在石油催化裂化中获得应用，可使原油裂化的汽油产率大幅度提高。钕铁硼永磁材料的研制成功，使航空航天器材得以迅猛发展。

中国稀土资源十分丰富，在现已查明的世界稀土资源中，80%分布在中国，并具有品种全，分布广，开采方便的特点。包头的白云鄂博矿是世界上最大的稀土矿，建成了中国最大的稀土选矿厂和世界上最大的稀土合金厂，并设有国际上最大的稀土科研机构。

回顾稀土给世界经济带来的变化，人们必定会发现，稀土已成为一股推动高新技术开发与产业化的强大力量。利用稀土元素的独有特性完全有可能造出众多适应人类物种需要的高新材料，推动21世纪的世界经济向更高的水准发展。

## 分子轨道对称守恒原理的诞生

分子轨道对称守恒原理是量子化学分子轨道理论中的一个最基本的原理，由美国有机化学家伍德沃德、物理学家和量子化学家霍夫曼及日本化学家福井谦一等人于1965年提出的。

在对有机化合物反应历程的研究中，福井谦一首先提出了前线轨道理论。该理论认为，分子和分子作用时，并非所有分子轨道中的电子都发生变动，只有最高已占据轨道和最低空轨道才发生电子的变动，正如原子与原子相互反应时，只是外层价电子才发生变动一样。福井谦一把最高已占据轨道和最低空轨道称为化学反应中的前线轨道。

伍德沃德在进行维生素 $B_{12}$ 等复杂有机物的合成研究中发现了电环化反应在加热和光照条件下具有不同的立体选向性，这用当时已有的理论无法解释。于是，1965年，伍德沃德和当时年轻的量子化学家霍夫曼合作，从福井谦一的前线轨道理论出发，深入考察了反应机理对产物空间构型的专一决定作用。

伍德沃德首先从实验上总结了电环化、环加成、σ迁移、嵌入等周环协同反应的规律性，这些反应的共同特点是在加热和光照的作用下得到不同的立体异构物。量子化学家霍夫曼则从理论上对上述规律性进行分析。他们发现在合成过程中，反应物分子轨道的对称性与生成物分子轨道的对称性都是一致的，而在预期应该得到但实际却未能得到的那些结果中，反应物与所设想产物的分子轨道的对称性都不一致。由此他们得出结论，认为在这些可以进行的反应中，反应物与生成物分子轨道在对称性上是守恒的。1965年两人共同提出了分子轨道对称守恒原理。

分子轨道对称守恒原理认为：化学反应是分子轨道进行重新组合的过程，在一个协同反应中，若反应过程中自始至终存在某种对称要素，反应物和产物的分子轨道都可以按这种对称操作分类，则反应物与产物的分子轨道对称性相合时反应就易于发生，而不相合时就难于发生。即从原料到产物，分子轨道的对称性始终不变。因为只有这样，才能用最低的能量形成反应中的过渡态。因此，分子过渡态的对称性控制着整个反应的进程。（化学上把单步骤的化学反应称为基元反应。协同反应是这样一种基元反应，在其反应过程中所涉及的化学键的变动是协同一致地进行的。一般说来，基元反应都是协同过程。）

这一原理成功地解释了协同反应的反应规律，包括有机化合物的重排、异构化和环化反应等。运用这一原理，无须进行复杂计算，只要考察反应物与生成物分子轨道的对称性质，就能预言各类电环合反应、环加成反应等立体特征，并能判断上述反应须在加热条件下或在光照条件下进行。霍夫曼和福井谦一因此共同荣获1981年度诺贝尔化学奖。

中国化学家唐敖庆等人在能级相

伍德沃德

关的基础上，提出了一个简化的模型，计算了一系列协同反应中能级变化的情况，并试图给出反应活化能的定量数值，同时还从理论上推导出催化对称禁阻反应时，催化剂应具备的条件。这对选择这类化学反应的催化剂有一定的启发。

分子轨道对称守恒原理现今已经推广到无机、催化、生化反应等许多重要领域，成为理解现代有机化学的前提，是微观化学反应动力学和量子化学应用的一个里程碑。它把化学反应方向与微观粒子的运动和对称性联系起来，加深了人们对对称性和守恒原理的认识。

## 酶的发现

酶是由生物体内产生的生物催化剂，生物体所进行的化学反应几乎全部都是在酶的催化之下进行的，在生物体中酶起着非常重要的作用。古代我们的祖先通过实践活动，很早就在生产和医疗、酿造等方面积累了很多关于酶学的经验。近代酶学开始于19世纪末期。而"酶"这一名称是在1876年由库恩从希腊文引入的，酶就是发酵的意思，在酶引入之前一直称作酵素。从1897年德国化学家布赫纳发现酵素开始，便开创了酶化学的研究。

布赫纳生于德国慕尼黑近郊的一个农庄。青年时在糖果工厂工作了几年，后来先后到慕尼黑大学和厄兰格大学学习，1888年获得博士学位。1891年在慕尼黑大学任讲师，1895年在基尔大学任助理教授。1898年在杜宾根大学任分析化学和药物化学教授。1898年以后，先后在柏林大学、布雷斯劳大学、维尔茨堡大学任教。由于第一次世界大战的爆发，夺去了这位科学家的生命。

布赫纳是"酵素"即"酶"的发现者，也是蔗糖无细胞醇发酵法的发明者。当他从慕尼黑大学毕业后，便致力于化学的研究。他把全部精力都放在了细菌和酵母压榨液的研究上，目的是希望找出引起发酵的根本原因，并于1885年发表了他的第一篇论文"氧对发酵的影响"，为了了解发酵的本质，布赫纳进行了大量的实验。经过多次失败，终于在1897年，他从作为酵母压榨液的保存剂浓葡萄糖溶液中，意外地发现在没有酵母细胞存在的情况下，溶液也能发酵、后来的实验也证明了这个现象。由此他提出，引起发酵的物质是酶，并且首次成功地从活细胞中分离出细胞内酶。发酵作用被证明是一种酶促化学反应过程，并制得了具有发酵能力的酵母精。布赫纳的这一发现，为100年来发发酵机制的难题提供了一把金钥匙。因此，布赫纳在1907年独享诺贝尔化学奖。他这一发现大大促进了微生物学、生物化学、发酵生理学和酶化学的发展，使酶化学的研究掀开了新的一页。

进入20世纪，酶学家们对酶化学的研究更进了一步。1906年，英国生物学家哈登和杨又分离出了辅酶(能使酶蛋白具有催化活性的辅基)，1923年，哈登和另一名科学家瑞典的欧尔平确定了辅酶的结构并研究了糖发酵和酶的作用。而酶化学发展的关键是阐明酶的本质。1926年，美国生物化学家萨姆纳经过艰苦的工作，首次制得了尿素酶的结晶，并证明这种结晶是球蛋白，它具有很强的酶活性。

萨姆纳1887年11月出生于美国麻省甘敦城，1906年考入哈佛大学化学专业，毕业后先后在阿里大学、萨克维尔大学、麻省瓦西斯特工学院担任化学教员。后到康奈尔人学医学院攻读生物化学，并于1914年获得生物化学博士学位，1917年以后在康奈尔大学任生物化学助理教授。这位独臂生物化学家由于他的杰出工作，使人们第一次认清了酶的化学本质。他的这一发现，使他在1946年荣获了诺贝尔化学奖，并把酶化学的研究推进了一个新阶段。如1930年前后，美国的生物化学家诺恩罗普制得了胃蛋白酶的结晶，后来又得到了胰蛋白酶结晶等，随后对酶化学的研究主要放在酶的组成、结构以及作用机制上。

半个多世纪以来，对酶和辅酶的认识有了很大发展，目前已知的酶有2000多种。酶在生物体中主要起催化作用。酶的催化效率极高，它不同于一般化学催化剂，不需要高温高压，只需在常温、常压、接近中性的水溶液等温和条件就能发生催化作用，已经具有很强的专一性，即一种酶只催

**布赫纳**

化一种生物化学反应。

酶在人类日常生活中的应用是极其广泛的。首先人类的健康由体内正常的生物化学反应来维持。而酶能促进这些反应，并在一定程度上决定这些反应的方向。在诊断医疗方面，酶可以用来诊断和治疗多种疾病。其次，酶在农业生产方面，通过改变外界环境，使农作物产生新酶，提高农作物的产量。再次，酶在发酵和食品加工方面也被广泛应用，如酿酒、豆类及乳类食品的加工等。另外，在纺织和其他许多行业中都有酶的应用实例。

## 烯烃复分解反应的发现

烯烃复分解反应涉及金属催化剂存在下烯烃双键的重组，自发现以来便在医药和聚合物工业中有了广泛应用。相对于其他反应，该反应副产物及废物排放少，更加环保。

烯烃复分解反应由含镍、钨、钌和钼的过渡金属卡宾配合物催化，反应中烯烃双键断裂重组生成新的烯烃。烯烃复分解反应最初应用在石油工业中，以SHOP法的产物α-烯烃为原料，高温高压下生产高级烯烃。传统的反应催化剂如：$WCl_6$-EtOH-$EtAlCl_2$，由金属卤化物与烷化剂反应制取。

烯烃复分解反应是个循环反应，过程为：首先金属卡宾配合物与烯烃反应，生成含金属杂环丁烷环系的中间体。该中间体分解，得到一个新的烯烃和新的卡宾配合物。接着后者继续发生反应，又得到原卡宾配合物。常用的催化剂都为卡宾配合物，格拉布催化剂含钌，施罗克催化剂含钼或钨。它们也可催化炔烃复分解反应及相关的聚合反应。

根据伍德沃德—霍夫曼规则，两个烯烃直接发生［2+2］环加成反应是对称禁阻的，活化能很高。20世纪70年代时，肖万和他的学生提出了烯烃复分解反应的环加成机理，该机理是目前最广泛接受的反应机制。其中，首先发生烯烃双键与金属卡宾配合物的［2+2］环加成反应，生成金属杂环丁烷衍生物中间体。然后该中间体经由逆环加成反应，既可得到反应物，也可得到新的烯烃和卡宾配合物。新的金属卡宾再与另一个烯烃发生类似的反应，最后生成另一个新的烯烃，并再生原金属卡宾。

金属催化剂d轨道与烯烃的相互作用降低了活化能，使烯烃复分解反应在适宜温度下就可发生，摆脱了以前多催化组分以及强路易斯酸性的反应条件。

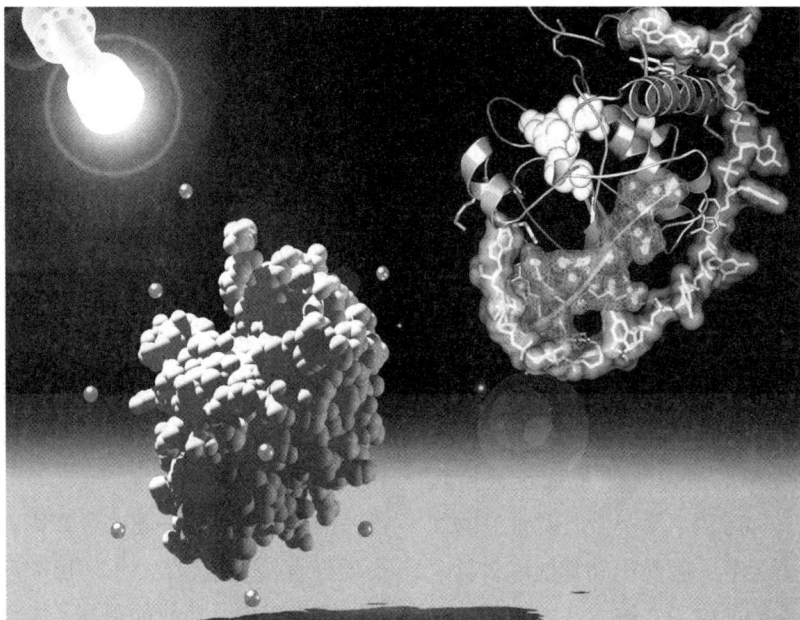

酶

复分解反应又可分为：交叉复分解反应、关环复分解反应、烯炔复分解反应、开环复分解反应、开环复分解聚合反应、非环二烯复分解反应、炔烃复分解反应、烷烃复分解反应、烯烃复分解反应等几种，与大多数有机金属反应类似的是，复分解反应生成热力学控制的产物。也就是说，最终的产物比例由产物能量高低决定，符合玻尔兹曼分布。

需要注意的是，复分解反应的驱动力往往各不相同：

烯烃复分解反应和炔烃复分解反应——乙烯/乙炔的生成增加了反应熵，推动反应的发生；

开环复分解反应——原料常为有张力的烯烃如降冰片烯，环的打开消除了张力，推动了反应发生；

关环复分解反应——生成了能量上有利的五六元环，反应中通常有乙烯生成。用关环反应合成大环化合物时，反应常常在极稀的溶液中进行，并且利用偕二甲基效应加快反应速率和选择性。

2005年的诺贝尔化学奖颁给了化学家伊夫·肖万、罗伯特·格拉布和理查德·施罗克，以表彰他们在烯烃复分解反应研究和应用方面所做出的卓越贡献。

# 生物发现

SHENG WU FA XIAN

　　20世纪，生物科学发展速度惊人，在众多领域都有新的发现和重大突破。在微观方面生物学已经从细胞水平进入到分子水平去探索生命的本质。在宏观方面生态学的发展已经成为综合探讨全球问题的环境科学的主要组成部分。特别是50年代以后，生物学同化学、物理学和数学相互交叉渗透，取得了一系列划时代的科学成就，使它跻身精确科学，成为当代成果最多和最吸引人的基础学科之一。

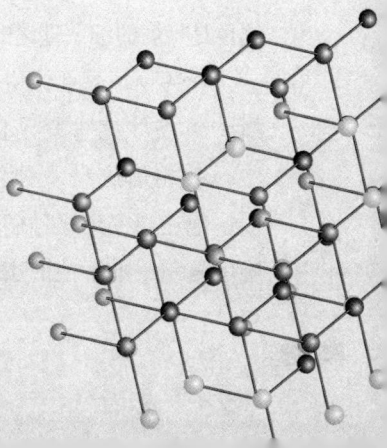

# 病毒的发现

只要有生命的地方，就有病毒存在；病毒很可能在第一个细胞进化出来时就存在了。关于病毒所导致的疾病，早在公元前二至三个世纪的印度和中国就有了关于天花的记录。但直到19世纪末，病毒才开始逐渐得以发现和鉴定。

1884年，法国微生物学家查理斯·尚柏朗发明了一种细菌无法滤过的过滤器，他利用这一过滤器就可以将液体中存在的细菌除去。1892年，俄国生物学家伊凡诺夫斯基在研究烟草花叶病时发现，将感染了花叶病的烟草叶的提取液用烛形滤器过滤后，依然能够感染其他烟草。于是他提出这种感染性物质可能是细菌所分泌的一种毒素，但他并未深入研究下去。当时，人们认为所有的感染性物质都能够被过滤除去并且能够在培养基中生长，这也是疾病的细菌理论的一部分。

1899年，荷兰微生物学家马丁乌斯·贝杰林克重复了伊凡诺夫的实验，并相信这是一种新的感染性物质。他还观察到这种病原只在分裂细胞中复制，由于他的实验没有显示这

马丁乌斯·贝杰林克

种病原的颗粒形态，因此他称之为可溶的活菌，并进一步命名为病毒。

贝杰林克认为病毒是以液态形式存在的（但这一看法后来被温德尔·梅雷迪思·斯坦利推翻，他证明了病毒是颗粒状的）。同样在1899年，有科学家发现患口蹄疫动物淋巴液中含有能通过滤器的感染性物质，由于经过了高度的稀释，排除了其为毒素的可能性；他们推论这种感染性物质能够自我复制。

20世纪早期，英国细菌学家发现了可以感染细菌的病毒，并称之为噬菌体。随后法裔加拿大微生物学家描

述了噬菌体的特性：将其加入长满细菌的琼脂固体培养基上，一段时间后会出现由于细菌死亡而留下的空斑。高浓度的病毒悬液会使培养基上的细菌全部死亡，但通过精确的稀释，可以产生可辨认的空斑。通过计算空斑的数量，再乘以稀释倍数就可以得出溶液中病毒的个数。他们的工作揭开了现代病毒学研究的序幕。

20世纪的下半叶是发现病毒的黄金时代，大多数能够感染动物、植物或细菌的病毒在这数十年间被发现。1957年，马动脉炎病毒和导致牛病毒性腹泻的病毒（一种瘟病毒）被发现；1963年，巴鲁克·塞缪尔·布隆伯格发现了乙型肝炎病毒；1965年，霍华德·马丁·特明发现并描述了第一种逆转录病毒；这类病毒将RNA逆转录为DNA的关键酶，逆转录酶在1970年由霍华德·特明和戴维·巴尔的摩分别独立鉴定出来。1983年，法国巴斯德研究院的吕克·蒙塔尼和他的同事弗朗索瓦丝·巴尔·西诺西首次分离得到了一种逆转录病毒，也就是现在世人皆知的艾滋病毒，他们二人也因此和发现了能够导致子宫颈癌的人乳头状瘤病毒的德国科学家哈拉尔德·楚尔·豪森分享了2008年的诺贝尔生理学与医学奖。

病毒的形状和大小（统称形态）各异。大多数病毒的直径在10～300纳米。一些丝状病毒的长度可达1400纳米，但其宽度却只有约80纳米。大多数的病毒无法在光学显微镜下观察到，而扫描或透射电子显微镜是观察病毒颗粒形态的主要工具，常用的染色方法为负染色法。

一个完整的病毒颗粒被称为"病毒体"，是由由蛋白质组成的具有保护功能的"衣壳"和被衣壳包被的核酸组成。形成衣壳的等同的蛋白质亚基称作"蛋白衣"或"壳粒"。有些病毒的核衣壳外面，还有一层由蛋白质、多糖和脂类构成的膜叫做"包膜"，包膜上生有"刺突"，如流感病毒。衣壳是由病毒基因组所编码的蛋白质组成的，它的形状可以作为区分病毒形态的基础。通常只需要存在病毒基因组，衣壳蛋白就可以自组装成为衣壳。但结构复杂的病毒还会编码一些帮助构建衣壳的蛋白质。与核酸结合的蛋白质被称为核蛋白，核蛋白与核酸结合形成核糖核蛋白，再与衣壳蛋白结合在一起就形成了"核衣壳"。病毒的形态一般可以分为以下四种：

1. 螺旋形

螺旋形的衣壳是由壳粒绕着同一

个中心轴排列堆积起来，以形成一个中空的棒状结构。这种棒状的病毒体可以是短而刚性的，也可以是长而柔性的。具有这种形态的病毒一般为单链RNA病毒，被研究得最多的就是烟草花叶病毒，但也有少量单链DNA病毒也为螺旋形；无论是哪一种病毒，其核酸都通过静电相互作用与衣壳蛋白结合（核酸带负电而衣壳蛋白朝向中心的部分带正电）。一般来说，棒状病毒体的长度取决于内部核酸的长度，而半径取决于壳粒的大小和排列方式。用于定义这种螺旋形态的参数有两个：直径和壳粒环绕一周后所前进的距离。

## 2. 正二十面体

大多数的动物病毒为正二十面体或具有正二十面体对称的近球形结构。二十面体具有5-3-2对称，即每个顶点为五重对称，每个面的中心为三重对称，每条边的中心为二重对称。

病毒之所以采用这种结构可能的一个很重要的原因是，规则的二十面体是相同壳粒形成封闭空间的一个最优途径，可以使所需的能量最小化。形成二十面体所需的最少的等同的壳粒的数量为12，每个壳粒含有5个等同的亚基。但很少有病毒只含有60个衣壳蛋白亚基，多数正二十面体形病毒的亚基数量大于60，为60的倍数，倍数可以是3、4、7、9、12或更多。由于二十面体的对称性，位于顶点的壳粒周围有五个壳粒环绕，被称为"腺病毒亚单位"；而位于三角形面中心的壳粒周围有六个壳粒环绕，被称为"禽腺病毒"。

## 3. 包膜型

一些病毒可以利用改造后的宿主的细胞膜（来自细胞表面的质膜或细胞内部的膜，如核膜及内质网膜）环绕在病毒体周围，形成一层脂质的包膜。包膜上既镶嵌有来自宿主的膜蛋白，也有来自病毒基因组编码的膜蛋

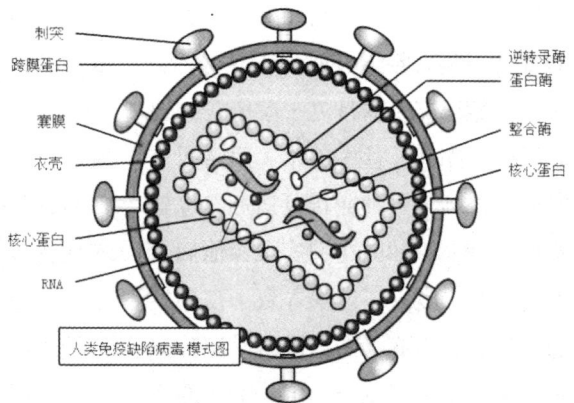

HIV（艾滋病病毒）结构模式图

白；而脂质膜本身和其中的糖类则都来自宿主细胞。包膜型病毒位于包膜内的病毒体可以是螺旋形或正二十面体形的。

无包膜的病毒在宿主细胞内完成复制后，需要宿主细胞死亡并裂解后，才能逸出并进一步感染其他细胞。这种方法虽然简单，但常常造成大量非成熟细胞死亡，反而降低了对宿主细胞的利用率。而有了包膜之后，病毒可以通过包膜与宿主的细胞膜融合来出入细胞，而不需要造成细胞死亡。流感病毒和艾滋病毒就采用的是这种策略。大多数的包膜型病毒的感染性都依赖于包膜。

### 4. 复合型

一个典型的有尾噬菌体的结构包括头部、尾部、核酸、头壳、颈部、尾鞘、尾丝、尾钉、基板。与以上三类病毒形态相比，复合型病毒的结构复杂得多，它们的衣壳既非完全的螺旋形又非完全的正二十面体形，可以有附加的结构，如蛋白质组成的尾巴或复杂的外壁。有尾噬菌体和痘病毒都是比较典型的复合型病毒。

有尾噬菌体在噬菌体中数量最多，其壳体由头部和尾部组成，头部呈正二十面体对称，尾部呈螺旋对称，头部和尾部之间通过颈部相连。

此外噬菌体的尾部还附着有一些尾鞘、尾丝和尾钉等。其头壳中包裹着噬菌体的基因组，而尾部的各个组件则在噬菌体感染细菌的过程中发挥作用。

痘病毒是一种具有特殊形态的体形较大的复合型病毒，其病毒基因组与结合蛋白位于被称为拟核的一个中心区域。拟核被一层膜和两个未知功能的侧体所围绕。痘病毒具有外层包膜，包膜外有一层厚的蛋白质外壳布满整个表面。痘病毒的形态有轻微的多态性，从卵状到砖块状都有。

拟菌病毒是目前已知最大的病毒，其衣壳直径达400纳米，体积接近小型细菌，且表面布满长达100纳米的蛋白质纤维丝。在电镜下观察到的拟菌病毒呈六边形，因此推测其衣壳应为二十面体对称。

由于病毒是非细胞的，无法通过细胞分裂的方式来完成数量增长；它们是利用宿主细胞内的代谢工具来合成自身的拷贝，并完成病毒组装。不同的病毒之间生命周期的差异很大，但大致可以分为六个阶段：

（1）附着：首先是由病毒衣壳蛋白与宿主细胞表面特定受体之间发生特异性结合。这种特异性决定了一种病毒的宿主范围。例如，艾滋病毒只能感染人类的T细胞，因为其表面蛋白gp120能够与T细胞表面的CD4分子和受体结合。这种吸附机制通过不断的进化使得病毒能够更特定地结合那些它们能够在其中完成复制过程的细胞。对于带包膜的病毒，吸附到受体上可以诱发包膜蛋白发生构象变化从而导致包膜与细胞膜发生融合。

（2）入侵：在病毒体附着到宿主细胞表面之后，通过受体介导的胞吞或膜融合进入细胞，这一过程通常被称为"病毒进入"。感染植物细胞与感染动物细胞不同，因为植物细胞有一层由纤维素形成的坚硬的细胞壁，病毒只有在细胞壁出现伤口时才能进入。一些病毒，如烟草花叶病毒可以直接在植物内通过胞间连丝的孔洞从一个细胞运动到另一个细胞。与植物一样，细菌也有一层细胞壁，病毒必须通过这层细胞壁才能够感染细菌。一些病毒，如噬菌体，进化出了一种感染细菌的机制，将自己的基因组注入细胞内而衣壳留在细胞外，从而减少进入细菌的阻力。

（3）脱壳：病毒的衣壳被病毒或宿主细胞中的酶降解，使得病毒的核酸得以释放。

（4）合成：病毒基因组完成复制、转录（除了正义RNA病毒外）以及病毒蛋白质合成。

（5）组装：将合成的核酸和蛋白质衣壳各部分组装在一起。在病毒颗粒完成组装之后，病毒蛋白常常会发生翻译后修饰。在诸如艾滋病毒等一些病毒中，这种修饰作用（有时被称为成熟过程），可以发生在病毒从宿主细胞释放之后。

（6）释放：无包膜病毒需要在细胞裂解（通过使细胞膜发生破裂的方法）之后才能得以释放。对于包膜病毒则可以通过出泡的方式得以释放。在出泡的过程中，病毒需要从插有病毒表面蛋白的细胞膜结合，获取包膜。

虽然病毒基因同其他生物的基因一样，也可以发生突变和重组，即可以演化，但由于病毒没有独立的代谢机构，不能独立的繁殖，因此被认为是一种不完整的生命形态。近年来发现了比病毒还要简单的类病毒，一些小的RNA分子，没有蛋白质外壳，但它可以在动物身上造成疾病。这些不完整的生命形态的存在说明无生命与有生命之间没有不可逾越的鸿沟。

## 维生素的发现

维生素，是我们经常说起的营养

学名词。营养学家告诉我们，为了维持正常的生理功能，每个人需要大约40～50种必不可少的营养物质，其中14种是维生素。那么，维生素是怎样被发现的呢？

维生素的发现不可能归功于任何个人，它的的确确是科学家们集体智慧的结晶。20世纪初，在许多国家，科学家们各自独立地探索寻找微量元素的途径。他们大胆设想、试验并得到这样一个发现：在极微量的某些生存所需的要素前，人和动物有相同的需要，而用提纯的食物配料组成的饮食不能够维持实验动物的生命。于是，一种生物学方法诞生了，利用实验动物进行控制饲养实验，来探索微量元素。

1907年，挪威奥斯陆的两名科学家以豚鼠为实验材料，他们只给豚鼠以谷物为食，结果豚鼠都得了类似人类的坏血病。其他科学家也不断有了相同的发现，1912年，"维生素"这个词出现了。

1912年，28岁的波兰生物化学家芬克博士在伦敦工作时，提出坏血病、糙皮病和营养缺乏症的脚气病的防治，都需要在食物中补充一些含氮碱的有机化合物，并建议叫维生素。但他当时所提到的维生素，是指化学

上天然的胺(含氮的有机物)。尽管事实上化学的假定后来被证明是错的，但这个名称一直沿用下来。

1915年，麦考伦通过研究鼠类食物证明鼠类至少需要"脂溶素A"和"水溶素B"，后来德拉孟特把麦考伦的说法与维生素结合起来叫维生素A、维生素B，把抗坏血病的物质叫维生素C、抗佝偻病的物质叫维生素D。此后，人们根据维生素在人体中表现出来的性质分为水溶性维生素和脂溶性维生素两大类。脂溶性维生素主要包括维生素A、D、E、K等；水溶性维生素主要包括维生素B中的$B_1$、$B_2$、$B_6$、$B_{12}$和维生素C、L、H、P以及叶酸、胆碱等。

维生素A又叫抗干眼醇，是1913年美国化学家戴维斯从鳕鱼肝中提取到的。1931年，瑞士的卡勒确定了维生素A的结构，并于1933年完成了维生素A的合成工作。维生素A在人体中的功能是维持眼睛在黑暗情况下的视力，预防和治疗夜盲症，促进儿童的正常声带发育，并能维持上皮组织的健康，增强对传染性疾病的抵抗力。

维生素A只存在于动物的组织中，如蛋黄、奶、奶油、鱼肝油等，植物体中不含维生素A，但它所含的

β—胡萝卜素在人体中能转变成维生素A。

维生素B是一族胺类有机化合物，它包括维生素$B_1$、$B_2$、$B_3$、$B_5$、$B_6$、$B_{12}$等。维生素$B_1$又称硫胺素或抗脚气病维生素，是人类最早提纯的一种维生素，它是由荷兰科学家伊克曼首先发现的。1910年，波兰化学家丰克从米糠中提出$B_1$，并且提纯得到了纯净的维生素$B_1$。维生素$B_1$在人体中的主要功能是调节体内糖类的代谢，促进胃肠蠕动，增强消化功能，促进人体发育。维生素$B_1$主要存在于谷类、豆类、干果和干酵母中。

维生素$B_2$又称维生素G或核黄素，它是由英国化学家布鲁斯于1879年从乳清中首先发现的。1933年，美国化学家哥尔倍格从牛奶中提取得到并提纯。1935年，瑞士化学家卡雷人工合成了维生素$B_2$。维生素$B_2$进入人体后发生转变，并与蛋白质合成为一种调节氧化—还原过程的脱氢酶，来维持组织细胞的呼吸，它还可调节体内物质代谢。维生素$B_2$主要存在于动物肝、肾等内脏以及豆类、奶、蛋、干果、叶菜及干酵母中。

维生素$B_6$又称吡哆醇，是由美国化学家柯列格于1930年发现的。它是有机体内许多重要酶系统的辅酶，是

动物正常发育和细菌、酵母繁殖所必需的营养。在各种谷类、豆类、蛋类、动物肝脏和酵母中都含有维生素B6，尤其在谷糠中含量极为丰富。

维生素$B_{12}$也叫钴胺素，是由美国女科学家肖波于1947年在牛肝浸液中发现的。这是第一个发现的含钴的天然有机化合物。1948～1956年间，美国化学家D·C·霍奇金利用X射线衍射法测定了它的结构。1972年，有机化学大师伍德沃德领导十几个国家的100多位化学家完成了维生素$B_{12}$的全合成。维生素$B_{12}$在人体中参与核酸、胆酸等的合成及脂肪、糖类的代谢过程，对肝和神经系统的功能产生一定作用。它可用来治疗贫血病，传染性肝炎等。维生素$B_{12}$广泛存在于动物的肝、肾及奶、蛋中。

此外，维生素$B_3$、$B_5$也都是人体不了缺少的物质，对人体正常生理过程也都有重要的作用。

维生素C又称抗坏血酸，是1947年由挪威化学家霍尔斯特在柠檬汁中发现的。1933年，英国化学家霍沃思首次合成了维生素C，并测定了它的结构，证明维生素C是己糖的衍生物。维生素C的合成及结构测定是糖化学中一项重要的成就，它奠定了碳水化合物化学的基础。

维生素C在人体中参与体内的氧化还原过程，促进人体的生长发育，增强人体对疾病的抵抗能力，维持骨骼、牙齿、血管、肌肉的正常功能，增强肝脏的解毒能力。维生素C主要存在于各种水果、蔬菜中，猕猴桃和辣椒中含量最丰富。

卡勒和霍沃思在维生素A、B、C研究与合成上的成功，使他们荣获1937年诺贝尔化学奖。

科学家通过多年研究得出这样的结论：维生素在人体中的生理作用是主宰体内营养成分的分配，调节体内的生理机能，充当辅酶，促进体内各种生物化学反应顺利进行，促进人体的正常生长发育。在食物中，维生素的含量虽然少，但必须有这些物质，因为它们在人和动物体内既不能合成，又不能充分贮存。每种维生素履行着特殊的功能，同时，不可能相互替代。因此，维生素对维持人体健康非常重要，各类维生素的发现及人工合成对于人类防病、治病，提高人类的健康水平有非常重要的意义。

## 音乐促进植物生长

植物会"听"音乐吗？为了揭示这个问题，科学家们进行了一系列的试验。

在法国，一位科学家为了研究音乐对植物的作用，把一付耳机套在番茄上，每天让它"欣赏"3个小时的音乐，到成熟时，这个番茄竟长到1千克重。这个试验引起了人们的极大关注，一时兴起了研究的热潮。美国和印度科学家对水稻、甜菜、卷心菜、花生和烟草等用音乐作了试验，都收到了增加作物产量的效果。

科学家们还发现了更有意思的事，就是不同的音乐对植物的影响也不一样。多数植物喜欢听音律优美的乐曲，而对摇滚乐不喜欢。日本静冈县的一个农民做了这样的一个试验：在两间种有韭菜和番茄的温室内，分别播放古典音乐和摇滚乐。结果发现，在播放摇滚乐的试验间，长势良好的韭菜在摇滚乐的喧闹声生活了两个星期就死了，番茄也变得萎靡不振。而在播放古典音乐的一间，韭菜和番茄都长得格外好。

科学家们认为，植物在优美的音乐刺激下，气孔张开，促进了光合作用的进行，同时，碳水化合物的同化作用也会促进作物的生长。但是，植物听音乐也有一定的限度。试验表明，以每隔6秒钟一个节奏的音乐刺激植物，10~20分钟后，植物的脉冲便会逐渐与节奏一致。但在连续播放一个小时以后，植物的脉冲便会失去节律，而有害于植物。试验还发现，植物欣赏音乐韵律以100赫兹的低音为最佳。

音乐对植物的作用一经发现，立刻应用到实际生产中，人们选取合适的音乐在那些种植农作物的上空播放，从而得到了更好的收成。

# 基因连锁定律

19世纪末，德国生物学家弗莱明发现了细胞中的染色体。1900年，孟德尔的遗传遗传因子及分离定律、自由组合定律理论被重新发现。20世纪初，美国生物学家萨顿又发现染色体与遗传因子之间存在着平行对应的关系，而且都是成对存在，一个来自父本，一个来自母本。但令人无法解释的是，每个生物的遗传特征数目都大大超过它细胞中的染色体数目，比如，人有上千万种遗传特征，染色体却只有23对。这又是为什么呢？

众多生物学家投入到这个问题的研究之中，美国生物学家与遗传学家摩尔根也投入到了这场生物学界

探索遗传学之谜的研究中，他采用的研究方法是实验法，以果蝇作为理想的实验材料。这种小生物生存周期短，繁殖最大(一对果蝇一次可产卵几百个，只需两周左右卵便可发育成虫)，而且容易在实验室保存。更重要的是这种果蝇只有4对染色体，每对的形状、大小各不相同。而且它还有几十种容易识别的遗传性状，如个体的大小、眼睛的颜色、触须的形状以及翅膀的长短等。

摩尔根在实验中发现，雌蝇和雄蝇的染色体并不完全相同，而是三对相同，一对不同。雌的由两条X染色体组成，雄的则由一条X染色体一条Y染色体组成。更重要的是，他发现了一根染色体上有许多遗传因子，从小果蝇的染色体中他就鉴别出了100个不同的遗传因子。这就解决了染色体数目远远少于遗传特征造成的困惑。

摩尔根用一只白眼雄蝇和一只红眼雌蝇进行杂交，结果证明了孟德尔从植物杂交中总结的"3比1分离规律，同样适用于动物界"。摩尔根对果蝇富有成效的研究，以致后来有人说，这种小生物是上帝专门为摩尔根创造的。

摩尔根的果蝇实验与孟德尔的豌豆实验在数学规律方面完全一致。不

同的是，摩尔根用生物细胞中染色体的具体分配解释了孟德尔发现的显性支配隐性和性状分离定律，并发现了生物性别遗传是由性染色体决定的事实。摩尔根的工作使孟德尔的遗传学进入了细胞学，染色体从此被认为是遗传基因(即遗传因子)的载体。

1928年，摩尔根总结了他20余年研究果蝇的成果，写出了遗传学名著《基因论》，指出细胞中的染色体就是遗传基因的物质承担者，每一个基因都在染色体里占据一定的位置，都能在细胞分裂期间将自己按照翻版方式从1变成2。

他还阐述了在一对染色体上可以传递许多基因，即基因的连锁。果蝇身上有4对染色体，也正好有4个基因连锁群。正因为基因连锁群的存在，才可以决定果蝇身上除了眼睛颜色和性别之外的其他许多性状。而且，同一对染色体携带的不同的连锁群之间，基因可以发生有秩序的交换。

摩尔根用纯种灰身长翅果蝇与纯种黑身残翅果蝇交配，他们看到子一代(F1)都是灰身长翅的，由此可以推出，果蝇的灰身(B)对黑身(b)是显性；长翅(V)对残翅(v)是显性。所以，纯种灰身长翅果蝇的基因型与纯种黑身残翅果蝇的基因型应该分别

摩尔根

是(BBVV)和(bbvv)。F1的基因型应该是(BbVv)

摩尔根又让F1的雄果蝇(BbVv)与双隐性类型的雌果蝇(bbvv)测交，按照自由组合定律，测交后代中应该出现4种不同的类型，即灰身长翅，灰身残翅，黑身长翅，黑身残翅，并且它们之间的数量比应该为1:1:1:1。但是，测交的结果与原来预测的完全不同，只出现两种和亲本完全相同的类型：灰身长翅(BbVv)和黑身残翅(bbvv)，并且两者的数量各占50%。很明显，这个测交的结果是无法用基因的自由组合定律来解释的。

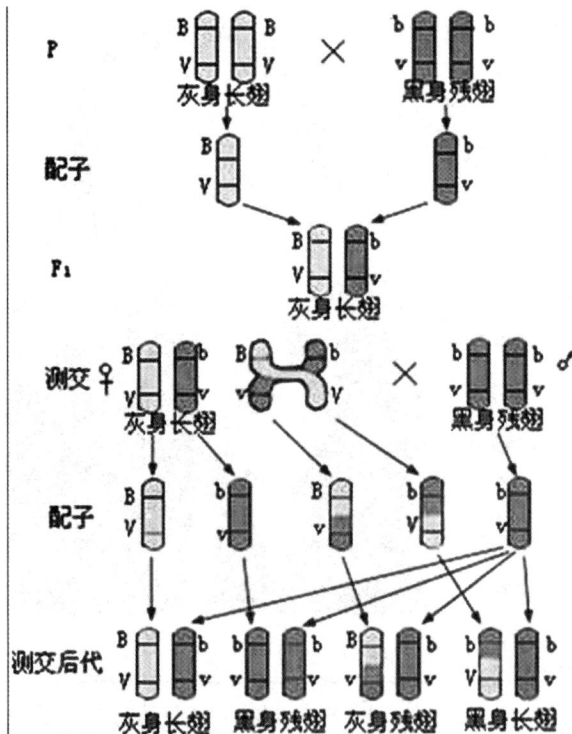

**基因连锁定律**

交配后，只能产生灰身长翅(BbVv)和黑身残翅(bbvv)两种类型，并且这两者的数量各占 50%.像这样，位于一对同源染色体上的两对(或两对以上)等位基因，在向下一代传递时，同一条染色体上的不同基因连在一起不相分离的现象，叫做连锁。在上述雄果蝇的测交试验中，由于只有基因的连锁，没有基因之间的交换，因此，这种连锁是完全连锁。在完全连锁遗传中，后代只表现出亲本类型。

为什么会出现上述试验结果呢？

摩尔根认为：果蝇的灰身基因和长翅基因位于同条染色体上，可以用BBVV来表示；黑身基因和残翅基因也位于同一条染色体上，可以用bbvv来表示。所以，当两种纯种的亲代果蝇交配后，F1的基因型BbVv，表现型是灰身长翅。这样，在F1雄果蝇产生配子时，原来位于同一条染色体上的两个基因(B和V，b和v)就不能分离，而是连在一起向后代传递。因此，当F1雄果蝇与黑身残翅的雌果蝇

就这样，摩尔根深入探索，建立了完整的基因遗传理论体系，基因的连锁规律，解开了生物变异之谜，弥补了达尔文进化论的不足，为人们杂交育种指明了方向，也为预防遗传病提供了理论依据。他因此荣获了1933年的诺贝尔生理和医学奖。

# DNA是遗传物质

人们常说："种瓜得瓜，种豆得

豆。"这是在讲生物的遗传特性。为什么孩子的长相像他的父母？为什么只有种"豆"才能得"豆"，他们是怎样一代代遗传的呢？这一直是科学家们艰苦探索的课题。

早在19世纪60年代，奥地利著名生物学家孟德尔就发表了关于遗传的法则和遗传因子（现称为"基因"）的论述。他通过著名的豌豆实验指出，控制豌豆各种异常形状的遗传物质是呈颗粒状、成对存在的因子。但遗憾的是，他的学说在当时并未引起人们的重视。直到孟德尔去世26年之后的20世纪初，人们才知道了生物的遗传规律，才重新认识到孟德尔遗传学说的伟大和他对生命科学的巨大贡献。但真正揭示遗传奥秘，还是20世纪的事。

1928年，美国科学家格里菲斯用一种荚膜毒性强的肺炎球菌和一种毒性弱的肺炎双球菌在老鼠上做实验。发现无荚膜菌可以长出蛋白质的荚膜，变成了有荚膜的菌，而其中的核酸就是已被高温杀死的有荚膜的核酸。在加热中，有荚膜的核酸并没有被破坏。这一实验结果，引起了人们对核酸的高度重视。

1944年，加拿大的爱威瑞也完成了两种肺炎双球菌的转化实验，发现

脱氧核糖核酸(DNA)才是真正遗传物质。同期的美国细菌学家艾弗里，也证明了有荚膜菌向无荚膜菌提供的就是遗传物质是DNA。以后，人们又进一步做了许多实验，最能说明DNA是遗传物质的实验，是噬菌体侵染细菌的实验。

噬菌体是以细菌细胞为寄主的一种低等微生物。它外形有球形、棒形、扁盘形等多种，但其内部结构非常简单，只含DNA。

实验中的噬菌体病毒，外形像小蝌蚪，它的外部是蛋白质组成的头膜和尾鞘，头膜内含有DNA，尾鞘上有尾丝、基片和小钩。当这种噬菌体侵染细菌时先把尾部末端扎在细菌的细

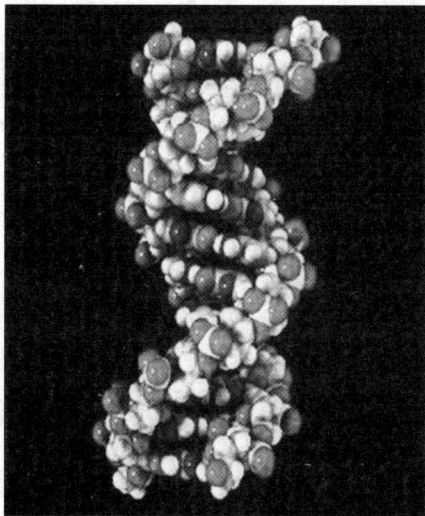

**DNA双螺旋结构**

胞膜上，然后将噬菌体内的DNA全部注入到细菌细胞中，留在细菌外面的噬菌体外壳就没什么作用了。进入细菌细胞内部的噬菌体DNA，利用细菌细胞的营养物质，迅速复制噬菌的DNA，并在其外合成蛋白质，这样许多与原噬菌体大小形状一样的新的噬菌体便被复制出来。当细菌细胞解体后，这些噬菌体被释放出来，再去侵染其他的细菌细胞。这个实验充分证实了，噬菌体的遗传繁殖是通过它体内DNA进行的，证明了DNA是生物的遗传物质。

## 矛尾鱼的发现

矛尾鱼是世界上现生的最古老的鱼类，是一种真正可以称为"活化石"的鱼类。它为科学工作者探索四足动物的起源，寻求从鱼到人的演化历程，提供了非常重要的线索。矛尾鱼的发现，是20世纪科学上的一个重大事件，几乎可以和发现一只活恐龙相比。

矛尾鱼隶属于真骨鱼纲总鳍亚纲的空棘鱼目，是总鳍亚纲鱼类惟一的现生种类，其最早化石被发现于三亿五千万年前的古生代泥盆纪，在晚泥盆纪曾一度非常繁盛，在一亿五千万年前的三叠纪开始逐渐灭绝，自白垩纪以后的七千万年未见踪迹。

1938年12月22日，一艘名叫"阿里斯蒂"号的南非拖网渔船，在非洲东海岸的东伦敦岛曲部外海大约73米的深海中，捕到一尾长约1.5米，重约57．6千克的怪鱼，渔民们把它送给了东伦敦博物馆。

当时正值圣诞节，延长了邮寄时间，南半球的夏季使未加防腐处理的鱼很快腐坏掉。博物馆管理员库特内·拉蒂迈小姐根据外形画了三张草图邮寄给英网的罗得大学鱼类学家史密斯教授。这位教授闻讯后，立即驱车500千米马不停蹄赶来，可惜赶到时仅剩下一些碎鱼骨头和长长的鱼鳍。

史密斯教授发现它属于早已灭绝的总鳍亚纲空棘鱼目，它的形体与同类化石比较，没有太大的变化。为表彰拉蒂迈小姐的这一重大发现，该鱼被命名为拉蒂迈鱼。

此后，许多学者在非洲沿海四处寻找，一直未能觅得，直到1年后拉蒂迈鱼才重露踪迹。1952年12月20日晚，在马达加斯加岛西北方的科摩罗群岛安朱安岛附近146米的深海中捕到了第二尾拉蒂迈鱼。此后，这种鱼

在科摩罗群岛附近不断被发现，至今捕获200多尾，均作为珍贵的标本陈列于一些国家的博物馆。中国科学院水生生物研究所鱼类陈列室，也珍藏有矛尾鱼标本。

矛尾鱼通体披着蓝鳞，颌下有两块大骨板和颈板，背上生长两个背鳍；腹鳍、胸鳍的基部生有大的肉质叶，这些鳍的骨骼部分都埋藏在肉质叶里；尾鳍中间有一道突起，像矛一样，"矛尾鱼"的名称由此而来。奇怪的是，矛尾鱼的骨刺不像现代鱼那样坚实，骨刺有空腔，软的，所以人们又称它为"腔棘鱼"。

1954年11月2日，在安朱安岛附近255米深海中捕到第八尾矛尾鱼

时，该鱼在船上生活了19个小时零30分钟，现场观察其行为，发现它的胸鳍几乎能作各个方向的转动和支撑姿势。所以科学家普遍认为，总鳍鱼类是陆生四足动物的祖先，陆生动物的四肢是由鳍演变而来。总鳍鱼类在发展初期，分为两支，一支是扇鳍鱼类，包括骨鳞鱼和孔鳞鱼，它们不断地适应陆地环境，进化为两栖动物类，向前发展终于进化到人类。另一支空棘鱼类，始终未能离开水，它的后裔存留到现代只剩下矛尾鱼这一种。

矛尾鱼的生殖一直是个谜。有的科学家认为它是胎生，有的则认为它是卵生，争论了30多年。直到1975

矛尾鱼

年，才在一条矛尾鱼的输卵管里发现5条带有卵黄囊的小胚胎，证明是卵胎生，矛尾鱼生殖之谜才算揭开。

1987年1月17日，德国生物学家汉斯·弗里克等人乘双人潜艇下海考察，下潜地点是印度洋科摩罗附近海域。经过艰苦的寻找，在晚上9时，他们终于在距岛180米远的水下深198米处见到了一条活的矛尾鱼。紧接着又发现了5条。

令人惊奇的是，这6条腔棘鱼无一例外地都会倒立，且每次持续了2分钟。根据常识，鱼类做倒立多伴随进食、受惊或攻击敌人；而此时水下200米处温度较低，并没有受到任何外来威胁，也没有水流的突然冲激。

他们还发现腔棘鱼与众不同的游动姿态：有时后退，有时肚皮朝上仰游，所有动作看上去慢腾腾，显得十分拙笨，但实际上却非常协调和谐。腔棘鱼的胸鳍、腹鳍、后腹鳍的动作是同步的。右前鳍一前一后地与左右鳍协调配合，与马的小跑十分相似。

此外，腔棘鱼能将其柔软的胸鳍翻转180度，起"划桨"的作用，以保证其身体在紊流中的平稳。在水下考察中，两位科学家还发现腔棘鱼用肢状鳍靠着在海底休息，但从未见过它们爬行。

当然，仅靠有限的观察很难断定腔棘鱼在水下的活动习性。关于矛尾鱼，还有很多难解之谜。譬如，世界上许多地方都有矛尾鱼化石，为什么活的矛尾鱼只生活在非洲东南的印度洋中？现在矛尾鱼的总数有多少？它是否还有近亲生活在世上？另外，矛尾鱼白天总是隐伏在又深又冷的水层，这是为了放慢代谢速度以节省体能吗？这些问题都有待于人类继续探索。

## 紫菜生活史的发现

紫菜在世界上分布很广，早已成为风行的保健食品。中国沿海分布的紫菜品种有17种，南方以坛紫菜为主，北方以条斑紫菜为主。坛紫菜的养殖面积和产量均占98%以上。福建省为中国紫菜主要产区。约在300多年前，福建省平潭岛劳动人民在潮间带管养紫菜的基础上，开始以处理岩礁的方法来增殖紫菜，又在150年前进一步创造了在菜坛上泼洒石灰水增殖紫菜的"菜坛式养殖法"，由于简便易行，卓有成效，广为沿用。

从1881年至1948年，不少藻类学家曾对紫菜生活史进行研究，但直到1949年，英国藻类学家德鲁研究紫菜

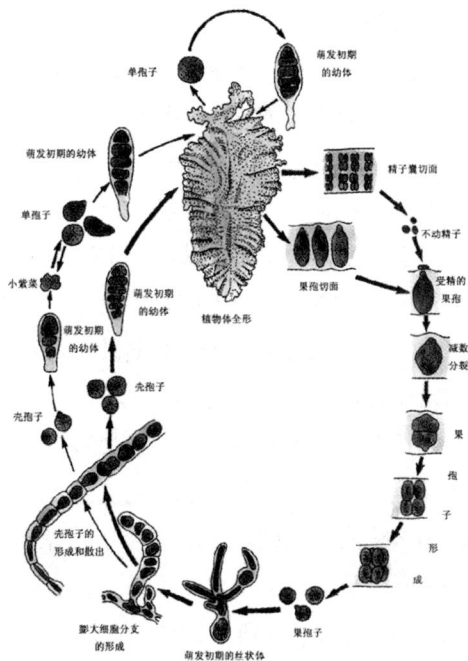

**紫菜属的生活史**

果孢子萌发时才发现，果孢子钻入贝壳内成为一种微观藻类。1954年，中国科学院海洋研究所曾呈奎教授领导的研究小组，在青岛和福建平潭开展紫菜生活史的调查研究，通过对甘紫菜生活史各发育阶段的全面研究。查明了紫菜果孢子放散后溶附于贝壳内，蔓生为丝状体来度夏，入秋后形成壳孢子，放入散水中后附着生长成小紫菜。

日本黑木也研究了甘紫菜、条斑紫菜、圆紫菜等五种紫菜的生活史，报道了与德鲁以及曾呈奎同样的结果。从此紫菜果孢子要钻进贝壳里萌发成丝状体度过夏天，秋天种子(壳孢子)钻出贝壳再生长成为小紫菜的奥妙彻底被揭开，从而解决了紫菜养殖的基本理论与技术关键问题，揭开了紫菜人工采苗的序幕。

紫菜生活史被发现后，大批藻类学者对紫菜的丝状体和叶状体两个阶段的生长发育及其与主要环境因子的相互关系进行系统的试验研究，1959年，坛紫菜半人工采苗试验研究取得成功。1964年~1968年，水产部组织坛紫菜联合攻关，取得重大进展，但人工采苗达不到大批量生产水平。其主要问题是解决不了壳孢子集中大批量放散。

1970年后，福建省水产研究所林大华等专家发现壳孢子黑暗后能大量放散的规律，由此开始进行深入研究，突破了关于紫菜壳孢子光照因子理论，找到了促使丝状体集中成熟和壳孢子集中放散的工艺，改变平面单层采苗法，创立了"立体多层摆动气泡沫采苗法"，采苗效率提高3~5倍、生产效率提高5~10倍，从而推进了紫菜人工采苗和养殖的大发展。

1970年在浙江、1972年在江苏沿海，人工育苗与养殖也相继成功。1970年，另一个主要品种条斑紫菜，在江苏启东县人工育苗试验也告成功。从此，紫菜养殖完全掌握在人工控制条件下进行栽培生产，把紫菜养殖推向全人工养殖新阶段。

# DNA的结构

当人们发现DNA是真正的遗传物质以后，就对DNA的结构发生了浓厚的兴趣，小小的DNA是如何传递生命信息的呢？众多科学家开始研究DNA的结构。

由于X射线的波长与晶体内原子或分子间的距离相近，当一束X射线照射晶体时，就会发生衍射。射线的强度在一些方向上加强，在一些方向上减弱。分析衍射图样，就可以确定晶体内部原子间的排列和距离。

1945年，阿斯伯利用X射线技术，发现DNA分子中嘌呤和嘧啶两个碱基之间的间隔为3.4埃(1埃=10-10米)，并且发现这两个碱基与DNA分子的长轴呈垂直状态。这一发现，从分子水平上揭示了DNA的结构。

1950年夏天，美国人沃森获得了博士学位。此时的生物学界正在进行一种叫双结构螺旋研究竞赛。结晶学研究的权威富兰克林已成功推出DNA分子有多股链，呈螺旋状。对DNA一无所知的沃森，在丹麦皇家学会听完劳伦斯·布拉格关于DNA的演讲后，决定研究DNA的三维模型结构。

沃森进入英国剑桥大学卡文迪许实验室后，认识了英国学者克里克，他们很快发现彼此都对DNA的分子结构极感兴趣，便决定合作研究。克里克参加过用X射线研究血红蛋白的分子结构，在研究X射线衍射照片方面

沃森和克里克

有很高的造诣。

当时沃森和克里克见到的DNA的X射线衍射照片不是非常清楚，但是可以看出DNA分子很可能具有螺旋结构。他们用金属铰合线建立了一个三链的模型，但很快就知道是错误的。

一次，沃森和克里克见到了维尔金斯和富兰克林拍摄的、非常清晰的X射线衍射照片。他们从照片中央的那些小小的十字架样的图案上，敏锐地意识到DNA分子很可能是双链结构。他们立即投入模型的重建工作，以脱氧核糖和碱基间隔排列形成骨架——主链，让碱基两两相连夹于双螺旋之间。由于他们让相同的碱基两两配对，做出来的模型是扭曲的。他们不知道如何解释这种现象。

后来，他们从美国生物化学家查伽夫的研究成果得到了很大启发。查伽夫发现：在他所分析的DNA样本中，腺嘌呤(A)的数目总是和胸腺嘧啶(T)的数目相等，胞嘧啶(C)的数目总是和鸟嘌呤(G)的数目相等，即（A+G）：（T+C）=1；（A+T）：（C+G）的比值具有物种特异性。沃森和克里克吸收了这一研究成果，经过深入的思考，终于建立了DNA的双螺旋结构模型。

DNA分子由四种脱氧核苷酸组成，每种脱氧核苷酸含有一种含氮碱基，它们分别是腺嘌呤(A)、鸟嘌呤(G)、胞嘧啶(C)和胸腺嘧啶(T)。在DNA中，碱基配对结合，即腺嘌呤(A)只能与胸腺嘧啶(T)相互配对，鸟嘌呤(G)只能与胞嘧啶(C)相互配对。单个的核苷酸连成一条链，两条核苷酸链按一定的顺序排列，然后再扭成"麻花"样，就构成脱氧核糖核酸（DNA）的分子结构。

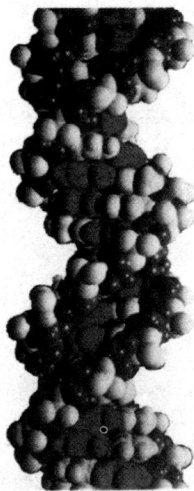

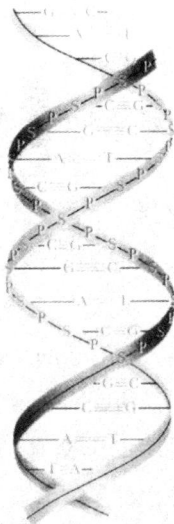

DNA分子双螺旋结构模型

由于核苷酸的数量及碱基对的排列顺序不同，导致了生物种类的千差万别。一只小白鼠DNA大约有1.2万个核苷酸对组成，它的碱基对可能有4的12000次方种排列方式。而人类的DNA大约有30亿个核苷酸对，你可以想象它有多少种排列方式。也正是由于DNA的千差万别才会有各种生物各不相同的遗传性状和生理功能，才会有五彩缤纷、绚丽多彩的生命世界。

1953年4月25日，沃森和克里克在《自然》杂志上发表了一篇仅两页的论文，提出了双螺旋结构DNA模型，阐述了进行有序功能活动的规律，从而揭示了DNA的分子结构及其遗传功能奥秘。这篇论文被普遍视作分子生物学时代的开端。

沃森和克里克的模型，引发了一门称为"分子生物学"的新科学的诞生，它为破译生物的遗传密码提供了依据，导致遗传工程学的出现。用人工的方法将生物体内的DNA分离出来，重新组合搭配，再放回生物体内，创造新的品种，成为本世纪下半叶最活跃的领域。如中国科学家实验成功的杂交水稻，抗棉铃虫棉花等等，都是DNA重组的产物。目前，国际上正热门的克隆技术，也是DNA的绝妙之作。

DNA双螺旋结构正式提出后，整个生物学界呈现出少有的五彩缤纷的景象，被认为是20世纪以来生物科学中最伟大的成果，是生物学史上一个新纪元，为生物科学、农业科学、医学的发展开辟了新天地。把DNA结构模型称为打开生命之门钥匙，是一点也不夸张的。

1962年的诺贝尔医学生物学奖授予了沃森和克里克建立的DNA模型，能获得如此高的荣誉，说明它的作用是巨大的，影响是深远的。

## 深海生物新发现

深海中有生物，早在19世纪就已被无数事实所确证。随着越来越多的深潜器向海底"龙宫"进发，新的神秘生物不断被发现。

1954年，法国潜水专家库斯托乘深潜器潜入2100米的海洋深处，他从观察窗里看到了深海乌贼发射"焰火"的情景。一只长约45厘米的深海乌贼喷射出一滴滴明亮闪光的液体，水中顿时出现串串灿烂的蓝绿色光点，闪烁的光点慢慢散开，变成一片发光的火焰，在黑暗的深海里闪耀了几分钟。

据美国生物学家卡尔·秦教授研究，深海发光乌贼身上共有24个较大的发光器官：两只长臂上各有两个，两眼下面各有5个，还有10个对称地排列在身体下边。其他深海动物显出的一切奇异色彩，都远远比不上深海乌贼的这些发光器官的颜色。

深海乌贼的发光机制极为复杂，生物学家们认为，这是由一种特殊的发光细菌引起的。深海乌贼卵在发育阶段受到祖传下来的发光细菌的感染，发光细菌和深海乌贼一起生长。这种世代相传，使发光细菌也得到永生，它们沿着微细管进人具有氧气等

"阿尔文"号深潜看到的海底喷泉图

优越条件的发光器中，就放出光焰。如果含发光细菌的粘液被喷到海水中，遇氧发生化学反应，也会产生绚丽的光彩。

这种发光器官的工作效率极高，发出的光有50%～90%是由短波光组成，热射线只占百分之几。而我们日常用的电灯光源，白炽灯只能把能量的4%转变为光，其余都变成热能而浪费掉了，霓虹灯的效率稍高，但也只有10%的能量转化为光。比较起来，深海乌贼的光源实在是一种高效率的冷光源，它将给人类以启示，去寻找和创造更为理想的光源。

1979年1月，美日一支海洋考察队在太平洋加拉帕戈斯群岛附近海域，搭乘"阿尔文"号深潜器下潜到500米水深处，在高达400℃的称之为"水下烟囱"的热液喷泉口附近，观察到了使科学家惊愕的深海生物——大胡子蠕虫、大得出奇的蛤和蟹，以及一些类似蒲公英的生物。

大胡子蠕虫，长达3米，上红下白，呈管状，管口生有触须，像人的一撮大胡子，故科学家称之为大胡子蠕虫，远远望去就像一根根塑料软管。它们既没有眼睛、嘴巴，也没有肠子，更没有肛门。

这些蠕虫用白色套管固定在熔岸

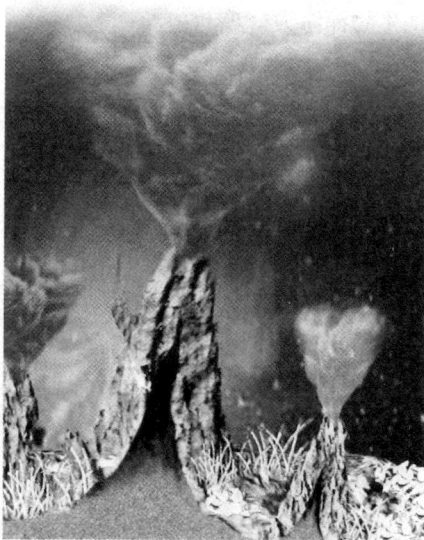

上，靠身体顶端捕捉食物。它们的体内含有血红蛋白，因而血是红的。据生物学家分析，蠕虫建造这种管形住宅的速度很慢，哪怕是1毫米长也需要250年；如果建筑7厘米长的管子，就需要18万年以上，要建造2米多长需要多少万年就显而易见了，所以它引起了众多科学家的研究兴趣。

大得出奇的蛤，体长有30多厘米，栖居在黑色枕状熔岩空隙中，它的生长速度要比一般的蛤快几百倍，其体内的血液也是红色的。它不时大量吞食着水中颗粒状食物。

喷泉附近的深海蟹也比普通的淡水蟹个头大得多，可惜没长眼睛，不过这丝毫不影响它们"横行霸道"。这种深海蟹在长期进化中已习惯于深海的高压，以至于在海面上一个大气压的条件下反而活不长。

裂谷底部还有蒲扇般的海蚌，菜盆似的海蛤子，手掌大小的沙蚕，状如蒲公英的白蚌。此外，还有不少叫不上名字、周身尽是毛或浑身都是脚的怪物。它们在探照灯光的照射下翩翩起舞，真是奇趣无比、光怪陆离。这一重大发现，激发了各国科学家对深海生物的更新一轮的水下考察。

这些深海生物的能量供给者又是谁呢？通过化验"水下烟囱"的水，人们明白了此处动物个头大、生长快的奥秘："水下烟囱"周围的食物密度要比距它稍远的海域里的食物密度大 300～500倍、比海面上生物比较丰富的水域也要大上425倍。原来，"水下烟囱"内有大量细菌迅速繁殖，这些细菌主要靠吞食"水下烟囱"内的硫化物为生，而管状蠕虫、蛤、蟹等生物又靠这些细菌滋生繁殖。由于这些细菌以硫化物为食，硫化物又是取之不尽、食之不竭的，因此构成水下海域中独特的食物链：

海底二氧化碳——海底"烟囱"冒出的硫化物深海细菌，作用下合成碳水化合物。

供给大胡子蠕虫、深海大蛤及其他生物深海大蟹等动物。

## 螺旋藻富含的营养

提起螺旋藻，有些同学或许早已认识了它，有的甚至还品尝过它的美味呢！为什么它名叫螺旋藻，为什么如此受宠爱？让我们来一起听一听螺旋藻的故事。

1940年，法国药物学家克瑞奇博士到非洲探险，来到乍得湖畔，发现水面上漂浮着一种绿色微小植物，

当地的土著人用最原始的方法，从湖面捞起，直接拌上辣椒或香料作酱食用，或置于沙滩上晒成干品食用，有的甚至在市场上出售。克瑞奇博士非常好奇。就在同年秋天的一个风雨交加的夜晚，克瑞奇又亲眼看到长老用一种绿色粉末救治一个奄奄一息的产妇的过程，当得知这种绿粉就湖里的那墨绿色漂浮物时，克瑞奇博士更加好奇，这些绿色漂浮物到底是什么呢？

克瑞奇博士从乍得湖取来这种绿色生物，想进一步研究。可由于当时条件有限，肉眼除了看到它是绿色粉末外，再不能有更深的研究。克瑞奇博士只好把标本寄给了巴黎的藻类学家丹洁尔博士。丹洁尔博士得到标本后，研究得知这是一种藻，把它放在显微镜下观察，发现这种藻呈螺旋

螺旋藻

状，似一团团破碎的方便面，于是给它起了一个名字叫"螺旋藻"。

这一发现使两人欣喜若狂，可是，德国法西斯发动了侵略战争，为抗击侵略，两位博士应征入伍，不幸的是，他们在战争中英勇牺牲，所有的螺旋藻材料也毁于战火之中。

直到1965年，以克雷曼博士为首的法国探险队再次来到非洲，又发现乍得湖及其临近地区的其他湖都生长着螺旋藻。当时，科学家正在为世界人口急剧增长、食物日益短缺而忧虑，因此这一发现立即引起藻类学家、营养学家及各国政府的高度重视。

正当人们奔走相告这一重大发现的时候，墨西哥也传来令人振奋的消息，在墨西哥城郊的特克斯可可湖也盛产螺旋藻。于是，1967年，世界第一家养殖工厂在墨西哥投入建设。1973年，墨西哥特克斯可可湖畔的卡拉科尔，人工生产出了第一批螺旋藻。

螺旋藻到底是一种怎样的生物令人们如此兴奋呢？原来，螺旋藻是一种古海洋生物，在地

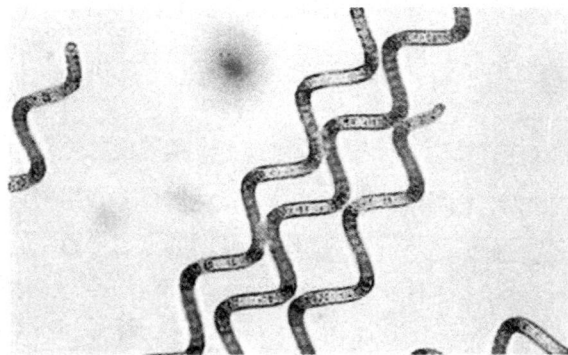

球上存在已有35亿年的历史了。它是一种低等植物，属于蓝藻门。从外观看，为青绿色，在显微镜下观察，为螺旋状。它与高等生物不一样，没有细胞核，也没有线粒体、色素体等细胞器，结构非常简单。然而，现代科学研究已经证明，螺旋藻营养丰富，它的营养素含量打破多项"世界纪录"，是名副其实的全料营养冠军。

螺旋藻的蛋白质含量极其丰富，为60%～70%，是大米的10倍，猪肉为5倍，鸡肉的3.7倍，鱼肉的3倍，干酪的2.4倍，并且这些蛋白质为优质蛋白，易于消化吸收。它含有的8种人体必需氨基酸，比例正好与联合国粮农组织规定的最佳氨基酸组成相吻合。它含有的胡萝卜素是胡萝卜的10倍，B族维生素含量也很高，特别是维生素B12是动物肝脏的2倍，铁的含量也为日常含铁丰富生物的10倍以上。除此之外，它含有的其他维生素、矿物质和脂肪酸、叶绿素也非常丰富。科学家们认为，1克螺旋藻等于1000克各种蔬菜营养含量的总和。

墨西哥政府规定，该国儿童食品内必须含5%的螺旋藻，凡参加奥运会运动员的食品中需含20%～50%的螺旋藻。美国将螺旋藻作高级营养品和减肥食品。德国将螺旋藻作为特殊食品，供运动员、妇女、儿童、老年人食用。法国最早将螺旋藻用于化妆品并流行全球。日本、以色列、印度、泰国、中国台湾等国家和地区都将螺旋藻制成各种食品以供不同的需要。

联合国粮农组织称它为"人类的最佳食品"，联合国世界卫生组织则誉之为"人类的最佳保健品"。

## 遗传密码的发现

生物体在它短暂的一生中，都承担着繁殖下一代，使种族的生命得以不断延续的义务。在新生命的萌芽与发育过程中，我们知道，DNA(脱氧核糖核酸)不仅能够进行自我复制，还控制着细胞内蛋白质的合成。DNA分子中能控制某种性状的遗传单位，称为"遗传基因"，它是DNA分子中的一个片段。一个DNA分子上具有若干个"基因"，每个基因大约有1000个碱基对长短，一个基因能够控制生物体的一个性状。基因控制着生物性状的代代相传，基因的重组导致生物性状的变化。

生命在遗传时，上一代的"父"与"母"在发育成熟之后，将自身

的DNA分子复制了一模一样的另一份DNA分子来传给子代。复制时，DNA分子的双螺旋结构解开，碱基对分开，形成两条分开的模板链。然后，根据A与T、G与C配对的原则，利用细胞中的合成核酸的碱基等原料，与模板链一一配对，逐个连接，最后形成了新的子代DNA分子双链。新的DNA分子中，各有一条链是来自父代的旧链，而另一条是互补的新链，这样子代DAN分子上的碱基序列与父代的DNA分子的碱基序列完全相同，生命的信息便在这DNA分子的复制与遗传中得到了继承和发展。

DNA是遗传的，然而，对于生命活动具有重要的功能的蛋白质却无法直接由父代传给子代。生命的性状要求蛋白质来体现，父代的生物性状是怎样通过DNA的遗传来达到下一代的蛋白质呢？原来，父代的生物性状是由自己的DNA的碱基序列来决定的，这些信息通过DNA分子的自我复制与遗传让子代继承了下来。

然后，子代的蕴含有生命的蓝图的DNA分子，就根据自身的碱基序列，通过细胞质中RNA的中间传递作用，由细胞的蛋白质生产工厂——核糖体生产出各种各样的蛋白质，例如各种组织蛋白、纤维蛋白、蛋白激素、蛋白抗体、酶蛋白，以及血红蛋白等等。

由不同物种的DNA碱基序列决定的自然界各种有机体的蛋白质，种类成千上万，各自表达着自己独立的物种的个性特征。这个由父代DNA直到子代的生物性状的过程，可以表示如下：

子代细胞核中DNA分子上的遗传信息，由可以穿过核膜的信使RNA传递到细胞质中的。它进入核后，将DNA分子上的关于如何合成蛋白质的指令转录下来，然后穿过核膜，来到细胞质中的核糖体这个蛋白质工厂中，传递着遗传信息。mRNA (信使核糖核酸)在这里决定着参与合成蛋白质的氨基酸种类，数量以及各种氨基酸的排列顺序等，细胞质核糖体在合成蛋白质时，都是根据mRNA中传递来的这些信息，由转运RNA运来合适的氨基酸，再相互结合而成为蛋白质的。这个过程，由DNA的碱基顺序变为蛋白质的氨基酸顺序，因而称为"翻译"过程。

事实上，在自然界里，DNA分子中的碱基排列顺序是一份密码。在DNA分子中，我们知道有4种不同的碱基对，它们排列成一定的形式，也对应着某种固定的氨基酸；DNA分子中某一个有效的碱基排列片段——即一般说的基因片段，则对应着由若干氨基酸组成的特定蛋白质，这一种对应关系，也就是生命的密码了。

那么，这种对应关系究竟是怎样的呢？最初科学家猜想，一个碱基决定一种氨基酸，那就只能决定4种氨基酸，显然不够决定生物体内的20种氨基酸。那么2个碱基结合在一起，决定一个氨基酸，就可决定16种氨基酸，显然还是不够。如果3个碱基组合在一起决定一个氨基酸，则有64种组合方式，看来3个碱基的三联体就可以满足20种氨基酸的需要了，而且还有富余。然而，猜想毕竟是猜想，还要严密论证才行。

1959年，三联体密码的猜想终于被尼伦伯格等人用体外无细胞体系的实验证实。尼伦伯格等人的实验用人工制成的只含一种核苷酸的mRNA作模板，给以适当的条件：提供核糖体、ATP、全套必要的酶系统和20种氨基酸作为原料，接着观察这已知的核苷酸组成的mRNA翻译出的多肽链。结果发现形成一条多个氨基酸组成的肽链。从而表明mRNA上的碱基决定氨基酸。此外实验同时也证明了mRNA上的密码是奇数的三联体，因为只有奇数的三联体才能形成交互的

两个密码。

同时，美国科学家科兰纳用已知组成的2个、3个或4个一组的核苷酸顺序人工合成mRNA，在细胞外的转译系统中加入放射性标记的氨基酸，然后分析合成的多肽中氨基酸的组成。通过比较，找出实验中三联码相同的部分，再找出多肽中相同的氨基酸，于是可确定该三联码就为该氨基酸的遗传密码。后来，科兰纳用这个方法破译了全部遗传密码。

后来，尼伦伯格又用多种不同的人工mRNA进行实验，观察所得多肽链上的氨基酸的类别，再用统计方法推算出人工mRNA中三联体密码出现的频率，分析与合成蛋白中各种氨基酸的频率之间的相关性，以此方法也能找出20种氨基酸的全部遗传密码。最后，科学家们还用了由3个核苷酸组成的各种多核苷链来检查相应的氨基酸，进一步证实了全部密码子。

到了20世纪的60年代中期，科学家们终于成功地破译了生命的全部遗传密码，并且编制出了遗传密码表。当DNA上的遗传信息转录到mRNA分子上时，A、T、G、C4种碱基的排列顺序就相应地变成了对应的U、A、C、G4种碱基排列顺序，mRNA分子中碱基所组成的密码就称为遗传密

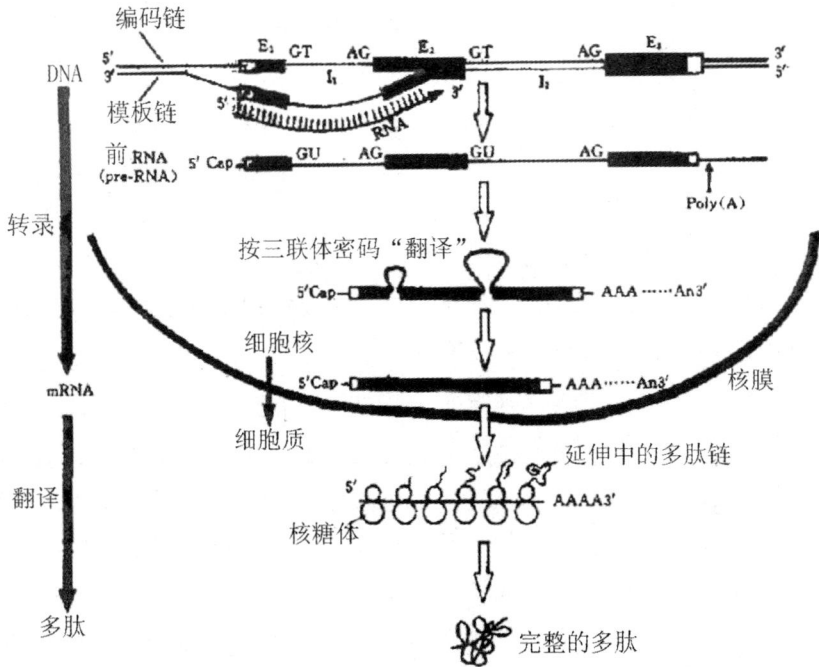

图中标注：
编码链
$E_1$ GT AG $E_2$ GT AG $E_3$
DNA 5′ 3′
模板链 5′ 3′
RNA
$I_1$ $I_2$

前RNA (pre-RNA) 5′ Cap GU AG GU AG Poly(A)

按三联体密码"翻译"
5′Cap AAA……An3′

细胞核
5′Cap AAA……An3′ 核膜

转录

细胞质

mRNA

延伸中的多肽链
5′ AAAA3′
核糖体

翻译

多肽

完整的多肽

## 从DNA到多肽

码，与英语单词长短不定不同，遗传密码固定由3个碱基构成一个密码单位，对应种氨基酸，因而称为三联体密码。4种碱基任取3个来组成密码，可能的排列方式有64种，因此，20种常见的氨基酸中每一种常常不止对应一种三联体密码，有"一词多义"的现象。例如，DNA基因上的AAT和AAC两个片段转录到mRNA上后，变成了UUA和UUG，实际上这都是亮氨酸这个氨基酸的密码。

这样，遗传密码便使DNA上的遗

传信息具体表达到了氨基酸顺序上，后代的生物性状便由这些在DNA控制下合成的蛋白质表达了出来。不过值得注意的是，虽然生物界的遗传信息都是以核酸上的碱基顺序来体现，各种生物体的遗传密码也完全相同，但这些仅仅是遗传信息在表达过程中的形式上的一致。生物界的各个物种，生物特性各有千秋，遗传信息的内容千差万别，虽然都是由生物界的通用语言和通用密码方式来表达，但表达出来的内容却各有奇妙之处，因而才构成了生物世界的丰富多彩。

## 克隆的发现

　　《西游记》里孙悟空用自己的汗毛变成无数个小孙悟空的离奇故事，表达了人类对复制自身的幻想。1938年，德国科学家首次提出了哺乳动物克隆的思想。1996年，体细胞克隆羊"多莉"出世后，克隆迅速成为世人关注的焦点。

　　什么是克隆呢？简单讲就是一种人工诱导的无性繁殖方式。但克隆与无性繁殖是不同的。无性繁殖是指不经过雌雄两性生殖细胞的结合、只由一个生物体产生后代的生殖方式，常见的有孢子生殖、出芽生殖和分裂

伊恩·维尔穆特

生殖。由植物的根、茎、叶等经过压条、扦插或嫁接等方式产生新个体也叫无性繁殖。绵羊、猴子和牛等动物没有人工操作是不能进行无性繁殖的。科学家把人工遗传操作动、植物的繁殖过程叫克隆，这门生物技术叫克隆技术。

　　克隆的基本过程是先将含有遗传物质的供体细胞的核移植到去除了细胞核的卵细胞中，利用微电流刺激等使两者融合为一体，然后促使这一新细胞分裂繁殖发育成胚胎，当胚胎发育到一定程度后（罗斯林研究所克隆羊采用的时间约为6天）再被植入动物子宫中使动物怀孕使可产下与提供细胞者基因相同的动物。这一过程中如果对供体细胞进行基因改造，那么无性繁殖的动物后代基因就会发生相同的变化。

　　培育成功三代克隆鼠的"火奴鲁鲁技术"与克隆多莉羊技术的主要区别在于克隆过程中的遗传物质不经过培养液的培养，而是直接用物理方法注入卵细胞。这一过程中采用化学刺激法代替电刺激法来重

新对卵细胞进行控制。

1952年，科学家首先用青蛙开展克隆实验，之后不断有人利用各种动物进行克隆技术研究。由于该项技术几乎没有取得进展，研究工作在80年代初期一度进入低谷。

后来，有人用哺乳动物胚胎细胞进行克隆取得成功。1996年7月5日，英国科学家伊恩·维尔穆特博士用成年羊体细胞克隆出一只活产羊——多莉，给克隆技术研究带来了重大突破。它突破了以往只能用胚胎细胞进行动物克隆的技术难关，首次实现了用体细胞进行动物克隆的目标，实现了更高意义上的动物复制。

1998年7月5日，日本石川县畜产综合中心与近畿大学畜产学研究室的科学家宣布，他们利用成年动物体细胞克隆的两头牛犊诞生。这两头克隆牛的诞生表明克隆成年动物的技术是可重复的。

既然牛羊可以克隆，那么人也是可以克隆的。由于克隆人可能带来复杂的后果，一些生物技术发达的国家，现在大都对此采取明令禁止或者严加限制的态度。

就克隆技术而言，"治疗性克隆"将会在生产移植器官和攻克疾病等方面获得突破，给生物技术和医学

技术带来革命性的变化。比如，有人需要骨髓移植而没有人能为她提供；有人不幸失去5岁的孩子而无法摆脱痛苦；当有人想养育自己的孩子又无法生育……也许人们就能够体会到克隆的巨大科学价值和现实意义。

治疗性克隆的研究和完整克隆人的实验之间是相辅相成、互为促进的，治疗性克隆所指向的终点就是完整克隆人的出现，如果加以正确的利用，它们都可以而且应该为人类社会带来福音。

科学从来都是一把双刃剑。但是，某项科技进步是否真正有益于人类，关键在于人类如何对待和应用它，而不能因为暂时不合情理就因噎废食。克隆技术确实可能和原子能技术一样，既能造福人类，也可祸害无穷。

## 隐生生物和海藻糖

生命世界里无奇不有，生命现象缤纷多彩。当你看《动物世界》电视片时，或许会看到这样的一幕：池塘里的水即将干涸时，有些种类的鱼就会钻到泥浆里，待池水完全干了时，鱼则在泥里昏睡起来，像是冬眠的动

物一样。当池塘再次灌进了水后，鱼从泥里钻出来，又继续过它那无忧无虑的生活。

似乎也有这样的现象，特别是沙漠里的植物，当干旱来临时，它们则会失去水分，处于一种"失活"状态。当一场雨来临后，满地的植物立刻活起来，它们趁着这短暂的大好时光，开花结果，生儿育女，繁衍后代。

自然界中确实存在着这样一类生物，我们把这类脱水的动植物称为隐生生命的生物，简称隐生生物。这类生物在极端干旱的条件下，能将体内99％的水脱去而不死亡。它以极低或停止的新陈代谢形式处于一种保存状态，当环境允许时，再水化而立即复活。

隐生生物现象广泛存在于动植物界。目前，对这种隐生现象的分子结构尚不太清楚，但有一点可以肯定：这类生物在干旱时，其组织中的海藻糖含量很高，有的竟高达细胞干重的35％。这表明海藻糖可能与隐生现象有着密切的关系。

那么，什么是海藻糖呢？

其实，海藻糖是一种简单的化合物，由两个葡萄糖分子通过半缩醛羟基结合，而形成的一种非还原性多糖。在自然界中存在的海藻糖是白色晶体，具有弱的甜味。

科学家们发现，在干燥时，海藻糖起着保护生命组织和生命物质不受破坏的作用。由于海藻糖有如此重要的意义，80年代以来，不少科学家对它进行了深入的研究与探讨。

科学家们发现，海藻糖在食品中具有极好的应用前景。因为海藻塘具有稳定的化学结构以及抗干燥的作用，化学性质非常稳定，不会发生糖与氨基酸作用而发生的褐变反应(食品学中的术语叫羰氨反应，或美拉德反应)，应用于食品加工能改进加工工艺，加工出更好的食品。

通常，在高于环境温度下加热干燥含蛋白质高的食品时，要保持原有的营养和风味，往往很难达到。但在加热干燥以前，加入少量的海藻糖，可以防止蛋白质的变性，冲调后的产品非常接近于原来的物料。而且加入海藻糖还有另一个优点，就是能使干燥产品的复水速度大大增加，分散能力有很大的改善。

目前，加入海藻糖生产的甜味剂、果汁粉饮料、全脂奶粉、鸡蛋粉等，产品质量大大提高。无海藻糖的全脂奶粉冲调后不能形成"奶皮"，而有海藻糖的奶粉不但有了奶皮，而

沙漠里的隐生植物

且具有了鲜奶的感官性状。

海藻糖有这么好的作用，从哪儿能得到呢？

最初海藻糖是从沙漠中的一种甲虫蛹中得到的，后来发现它广泛存在于低等植物、藻类、细菌、昆虫及无脊椎动物中。但从这些生物中提取，代价太高。因此，科学家们试图用生物工程的方法生产海藻糖。

在20世纪80年代末90年代初，科学家们的研究取得了突破性进展，先后得到了用三种方法生产的海藻糖。

大肠杆菌是1885年由德国科学家发现的普遍存在于粪便中的一种细菌。在这以后的一个多世纪以来，人们对它的了解比任何生物都多，甚至超出了人类对自身的了解。因此，大肠杆菌被广泛用作生命科学研究的材料。在大肠杆菌中，海藻糖由两种酶合成，编码这两种酶的基因分别为OtsA和OtsB，将这两种基因进行克隆，转入生产用的大肠杆菌菌株，在高渗透压胁迫的条件下，发酵生产出了第一批海藻糖。

通过酵母菌培养生产海藻糖。首先通过诱变、细胞融合或基因重组选育海藻糖含量高的菌株。然后采用高浓度的培养基，以及高渗透发酵环境进行发酵，并在发酵结束前让酵母"饥饿"2~3小时，这样就可以得到海藻糖含量较高的培养物。然后从中提取海藻糖。

利用酶技术也可以成功地将麦芽糖转化成海藻糖。在这个转化过程中，需要麦芽糖酶和麦芽糖磷酸化酶。但由于磷酸化酶促反应体系是可逆反应，海藻糖产量较低，而且要保持该反应体系的稳定和顺利、延续酶促反应都比较困难。所以，方法还有待于深入研究，才能在生产上推广使用。

由隐生生物的研究，导致了海藻糖的发现。目前，海藻糖已能成功的生产。这使我们想到，若适当地应用海藻糖，其他的生物能否变成"隐生生物"呢？若是成功的话，人类在极端环境下生存就会成为可能。

## 澄江生物群的发现

澄江生物群是发现于中国云南澄江县东部帽天山的一个距今已5.3亿年的化石群。澄江化石群是举世罕见，保存完美，研究地球早期生命演化的动物化石库。已被国际古生物学界誉为"20世纪最惊人的科学发现之一"，澄江也被誉称为"世界古生物圣地"。

1984年7月1日，中国科学院南京地质古生物研究所助理研究员的侯先光在帽天山采集高肌虫动物化石时发现了澄江生物化石群。1985年和1986年，侯先光继续来澄江进行艰苦细致的考察、发掘和采集。根据侯先光采

澄江古生物化石

集的大量化石标本、研究成果及研究价值。

1987年起，中科院南京地质古生物研究所研究员陈均远领导的研究小组开始对澄江古生物化石群进行了发掘和研究。他们先后发现了多细胞动物化石近100个物种，以及包括脊索动物门在内的近30个相当于门一级的分类单元。其研究成果涉及澄江生物群演化生物学、系统生物学、生态学、埋葬学和痕迹学等研究领域。当年4月17日，他们在南京举行新闻发布会，会上宣布了一条震惊中外的消息：中国云南发现的澄江动物化石，距今已5.3亿年，其化石之精美，门类之繁多，在世界近代古生物研究史上极其罕见。

研究成果显示：现今世界上所有动物的门类都在这一时期同时出现，而之后再没有产生新的门类，这一时期出现的生命形状同今天的生物已很相近，从星形对称的海星到左右对称的甲壳纲动物，以及具备脊椎雏形的动物等。这说明，在寒武纪早期，动物多样性的基本体系就已经建立了。

消息传出后，一批批

澄江古生物化石

国内外地质学家和古生物学者蜂拥而至，一批又一批形态各异的化石被挖掘出来，人们从未见过保存得如此完整的生物化石：不仅保存了生物的骨骼，还保存了表皮、纤毛、眼睛、肠胃、消化道、口腔、神经等各种软组织。

水母状化石的触手、辐管、环肌、中央腔和口部构造清晰可见，蠕虫化石的体环、吻部构造、消化道和尾刺完整无缺，腕足动物化石则显示出从外壳向外伸出的粗壮的肉茎。以或卷曲或斜躺或平直姿势埋藏的纳罗虫化石，完好地保存着它们的软躯体构造，甚至连肠道中充满的食物也清晰可见，显示着其在临死之前还曾经饱餐一顿。具有网状骨片的微网虫，即使活着时保持站立的姿势就已经很

不容易，有的竟然可以在死后仍然保持立姿。

这些化石是世界其他地方难得一见的带软躯体构造的化石。5亿年前生物的软躯体构造居然能成为化石陈存在岩层中，这是澄江化石最为独特之处。

澄江生物群的研究和发现，不仅为"寒武纪大爆发"这一非线性突发性演化提供了科学事实，同时对达尔文渐变式进化理论产生了重大的挑战。澄江生物群的研究，一直被国际同行科学家视为演化生物学的前沿。其中，一系列重要化石的发现对达尔文及现代综合进化论所预测的倒锥形进化树模式提出了挑战，为爆发式"蘑菇云"演化理论和由高到低演化理论建立了科学依据。

澄江生物群的发现，曾被《纽约时报》称为"本世纪（20世纪）最惊人的科学发现之一"，美国《发现》杂志则将其称为"东方的神秘"。

## 人类基因图谱

1990年，美国科学家正式启动的

人类基因组计划。随后英国、法兰西共和国、德意志联邦共和国、日本和中国科学家也共同参与了这一价值达30亿美元的人类基因组计划。

按照这个计划的设想，在2005年，要把人体内约10万个基因的密码全部解开，同时绘制出人类基因的谱图。换句话说，就是要揭开组成人体10万个基因的30亿个碱基对的秘密。人类基因组计划与曼哈顿原子弹计划和阿波罗计划并称为三大科学计划。

基因组就是一个物种中所有基因的整体组成。人类基因组有两层意义：遗传信息和遗传物质。要揭开生命的奥秘，就需要从整体水平研究基因的存在、基因的结构与功能、基因之间的相互关系。

人类基因组计划的主要任务是人类的DNA测序，包括遗传图谱、物理图谱、序列图谱以及基因图谱等四张图谱，此外还有研究测序技术、人类基因组序列变异、功能基因组技术、比较基因组学、社会、法律、伦理研究、生物信息学和计算生物学、教育培训等目的。

### 1. 遗传图谱

遗传图谱又称连锁图谱，它是以具有遗传多态性（在一个遗传位点上具有一个以上的等位基因，在群体中的出现频率皆高于1%）的遗传标记为"路标"，以遗传学距离（在减数分裂事件中两个位点之间进行交换、重组的百分率，1%的重组率称为1cM）为图距的基因组图。遗传图谱的建立为基因识别和完成基因定位创造了条件。

6000多个遗传标记已经能够把人的基因组分成6000多个区域，使得连锁分析法可以找到某一致病的或表现型的基因与某一标记邻近（紧密连锁）的证据，这样可把这一基因定位于这一已知区域，再对基因进行分离和研究。对于疾病而言，找基因和分析基因是个关键。

### 2. 物理图谱

物理图谱是指有关构成基因组的全部基因的排列和间距的信息，它是通过对构成基因组的DNA分子进行测定而绘制的。绘制物理图谱的目的是把有关基因的遗传信息及其在每条染色体上的相对位置线性而系统地排列出来。

DNA物理图谱是指DNA链的限制性酶切片段的排列顺序，即酶切片段在DNA链上的定位。DNA是很大的分子，由限制酶产生的用于测序反应的DNA片段只是其中的极小部分，这些片段在DNA链中所处的位置关系是应

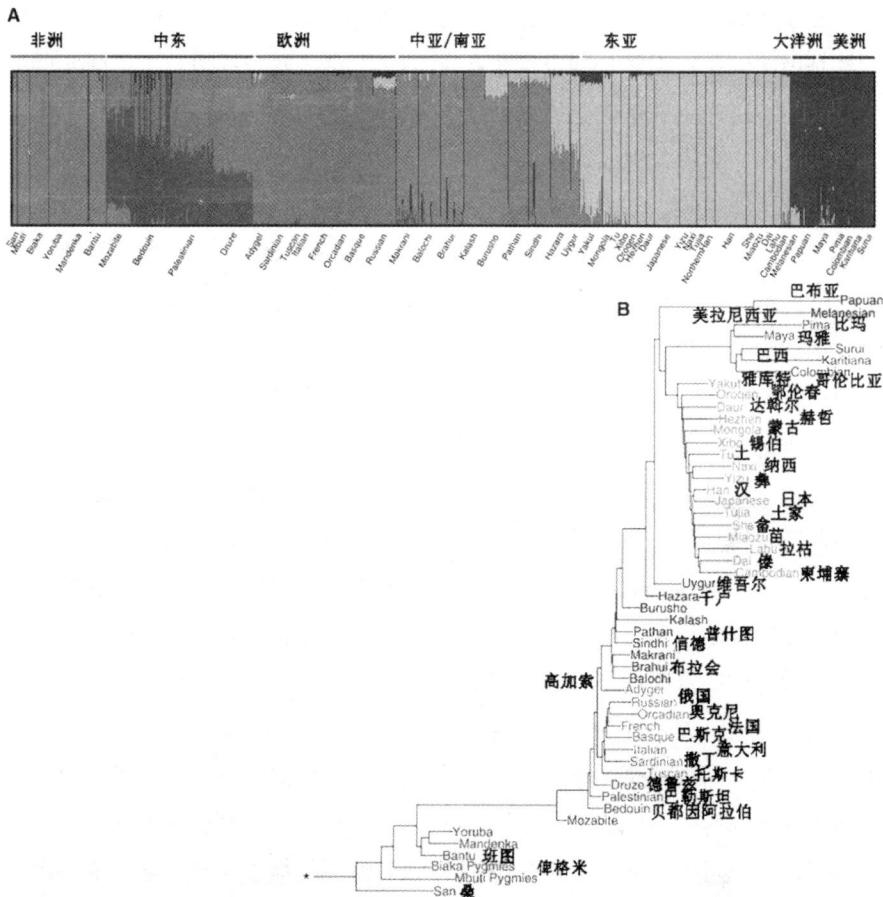

从基因组范围多态性图谱推断的世界人群关系

<hr>

该首先解决的问题，故DNA物理图谱是顺序测定的基础，也可理解为指导DNA测序的蓝图。

广义地说，DNA测序从物理图谱制作开始，它是测序工作的第一步。制作DNA物理图谱的方法有多种，这里选择一种常用的简便方法——标记片段的部分酶解法，来说明图谱制作

原理。

3. 序列图谱

随着遗传图谱和物理图谱的完成，测序就成为重中之重的工作。DNA序列分析技术是一个包括制备DNA片段化及碱基分析、DNA信息翻译的多阶段的过程。通过测序得到基因组的序列图谱。

### 4.基因图谱

基因图谱是在识别基因组所包含的蛋白质编码序列的基础上绘制的结合有关基因序列、位置及表达模式等信息的图谱。在人类基因组中鉴别出占具2%～5%长度的全部基因的位置、结构与功能，最主要的方法是通过基因的表达产物mRNA反追到染色体的位置。

2000年6月26日，塞雷拉公司的代表凡特，以及国际合作团队的代表弗朗西斯·柯林斯，在时任美国总统克林顿的陪同下发表演说，宣布人类基因组的概要已经完成。

基因图谱的意义在于它能有效地反应在正常或受控条件中表达的全基因的时空图。通过这张图可以了解某一基因在不同时间不同组织、不同水平的表达；也可以了解一种组织中不同时间、不同基因中不同水平的表达，还可以了解某一特定时间、不同组织中的不同基因不同水平的表达。

人类基因图谱的完成，是医学上一场革命的开始，但这场革命的成功将需要更长的时间。中国科学家承担了这个工程1%的工作量。人类基因图谱的绘制完成，给即将广泛推行的全新基因医疗手段打下了坚实的基础，它使人类向真正的"个性化医疗"时代又迈进一步。

今后，遗传疾病或是疑难杂症，只要根据患者个人的基因图谱"逮住"其中出了问题的基因，用最直接的办法使基因恢复正常状态，人体就会作出相应调整，从而治愈疾病。人类大约有3万个基因，比科研人员原本预料的少了许多。通过了解人类基因的遗传成分，科研人员就可为个人量身制作预防性疗法并且制造各种新药物，父母也可以检查腹中胎儿是否有遗传缺陷。而有朝一日，像糖尿病、癌症、早老性痴呆症、精神病等过去无法根治的病症，也能根治了。

不过，复杂而多变的人类基因图谱，是不可能被一眼看透。或是迅速被解读的。因此，人类基因图谱面世后，世界各地的科学家都竞相钻研由一对等位基因所传递的遗传信息，以决定基因的独特特征，看看谁能最先掌握基因的功能和秘密，以尽早研制新药物。

# 医学发现

YI XUE FA XIAN

　　20世纪，随着化学、物理、生物等学科的发展，医学也取得了重大进步，尤其是生物医学科学和医疗技术突飞猛进。19世纪末20世纪初细胞病理学、细菌理论、遗传学、实验生理学等一系列生物医学基础学科的建立，成为现代医学发展的显著标志。现代医学已成为包括探索生命奥秘、防治疾病、增进健康、缓解病痛以及社会保障的一个庞大的综合体系。

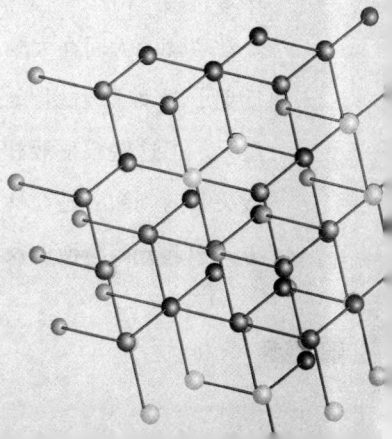

## 反射的发现

巴甫洛夫是一位专注于研究消化系统的实验生理学家，19世纪末的一天，在研究胃反射的时候，他注意到了一个奇怪的现象：没有喂食的时候，狗也会分泌胃液和唾液。比如，在正式喂食前，如果狗看见喂养者或者听见喂养者的声音，就会分泌唾液。巴甫洛夫认为，一定有什么原因来解释在没有食物的情况下狗也会分泌唾液这一现象。

一个最为明显的解释就是：狗"意识到"进餐时间快到了，正是这个念头刺激狗分泌唾液。然而，巴甫洛夫一直很反对心理学，因而也就不愿轻易地采用这种主观的猜想。巴甫洛夫以生理学家的眼光提出了自己的解释，他认为，这完全是个生理学现象：狗是由于看见或听见刺激——经常喂食的人而在大脑里面产生一种反射，这种反射引起了"精神性分泌"。但这些跟唾液和胃液并没有直接关系的刺激，是在什么时候以什么方式引起分泌唾液的反应的呢？巴甫

**巴甫洛夫**

洛夫并不清楚。

于是，从1902年开始，他开始对这一现象进行研究，而他的整个后半生也就用来研究这个现象。

然而，听见喂食者的声音或看见喂食者的形象，这两种刺激很显然都与分泌唾液这种反射行为没有直接的联系，它们又是如何引起这一反射行为的呢？

为了研究这一问题，巴甫洛夫设计了这样的实验：在喂食之前先出现中性刺激——铃声，铃声结束以后，过几秒钟再向喂食桶中倒食，观察狗的反应。起初，铃声只会引起一般的

反射——狗竖起耳朵来——但不会出现唾液反射。但是，经过几轮实验之后，仅仅出现铃声狗就会分泌唾液。巴甫洛夫把这种反射行为称为"条件反射"，把铃声称为分泌唾液这一反射行为的"条件刺激"；而把食物一到狗的嘴里，唾液就开始溢出这种简单的不需要任何培训的纯生理反应称为"非条件反射"，将引起这种反应的刺激物——食物称为"非条件刺激"。

巴甫洛夫和他的助手们变换了各种形式来验证"条件反射"的存在。他们变换了中性刺激，在喂食前使灯光闪动，或者在狗可以看见的地方转动一个物体，或者某个可以碰触到狗的物体，或者拉动狗圈上的某个部位，总之，各种可以被狗感受到的中性刺激都试过了；他们甚至还尝试了改变中性刺激与喂食之间的间隔时间，结果都证明条件反射的确是存在的。

巴甫洛夫发现，并不是所有中性刺激都能引起反射行为，也不是在任何情况下、某种中性刺激都一定会引起反射行为。中性刺激要想引起反射行为，必须满足一定的条件，因而称

为"条件刺激"（有条件的刺激）。

巴甫洛夫在研究中发现，中性刺激能否引起条件反射主要受以下因素影响：

1. 刺激呈现的顺序

只有中性刺激先于非条件刺激出现，中性刺激才能引起条件反射。也就是说，铃声必须在喂食以前就出现，如果先喂食，再给铃声，训练多少次也是没有用的——铃声仍然是中性刺激，不会使狗一听见铃声就分泌唾液。

2. 中性刺激必须和非条件刺激相结合

如果只给铃声不喂食，那么，铃声永远都无法使狗分泌唾液；另外，即使经过训练，铃声已经成为了条件刺激，能够引起狗分泌唾液的反应了，如果这时候连续多次，狗就会"明白"这不过是骗人的把戏，就再也不会"相信"了，因而已经形成的条件反射就会消失。

3. 注意刺激之间的区别

巴甫洛夫发现，如果想要让狗能够"识别"某种特定的刺激，只对这一特定的刺激形成条件反射，就要注意区分这一刺激和其他刺激的区别。

如果不加强化，狗会不加"辨别"的对所有类似刺激都形成条件反射。例如，如果狗已经形成了对灯光（功率为60W）的条件反射，那么，只要出现灯光，狗就会分泌唾液，但唾液分泌的多少是不一样的。

对于那些接近60W功率的灯泡（比如40W）发出的灯光，狗分泌的唾液较多；而那些与60W功率相差太远的灯泡（如15W，200W）发出的灯光，则分泌的唾液较少。这时候，如果进行强化训练，打开60W的灯泡时给喂食，而打开其他功率的灯泡则不给喂食，狗就会逐渐"明白"：原来灯光也是有区别的，并不是所有的灯光都"意味着"喂食。经过多次训练，狗就会区分这些不同刺激了，它们只对60W功率的灯泡发出的灯光分泌唾液，而对15W、200W的灯泡发出的光不再理睬。当然，狗的辨别能力是有限的，那些比较接近的刺激（如40W的灯泡发出的光），还是会引起条件反射，使它分泌唾液。

不仅动物的条件反射遵循这一规则，人类的条件反射也同样遵循这一规则，因此，我们才学会了区分不同的刺激，对不同刺激作出不同反应，知道"红灯停，绿灯行"。

从"非条件反射"到"条件反射"，巴甫洛夫经历了漫长而又艰苦的实验过程，这是消化生理过程中的一项重要发现，为人类在生理学方面的研究，做出了巨大的贡献。为此，在1904年，诺贝尔奖基金会该年度的生理学和医学奖，授予了巴甫洛夫教授，他是世界生理学家中第一个享有这种荣誉的科学家。

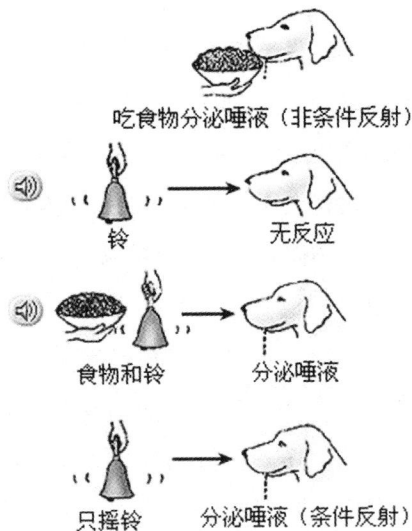

吃食物分泌唾液（非条件反射）

铃　　　　无反应

食物和铃　　分泌唾液

只摇铃　　分泌唾液（条件反射）

建立条件反射示意图

## 激素的发现

激素是生物体内分泌腺分泌的物质，又被叫做"荷尔蒙"，希腊文原意为"奋起活动"。激素直接进入血液分布到全身，对肌体的代谢、生长、发育和繁殖等起重要调节作用。

早在1888年，俄国著名的生理学家巴甫洛夫就发现：如果把盐酸放进狗的十二指肠，可以引起胰液分泌明显增加。他认为，这个现象是由于神经反射造成的。可是，实验中切除神经以后，进入十二指肠的盐酸照样能使胰液分泌增加。巴甫洛夫认为是神经没有去除干净的原因。当时还有好几个科学家也发现了类似的现象。但由于他们都拘泥于巴甫洛夫"神经反射"这个传统概念的框框，最终失去了一次发现真理的机会。

年轻的生理学家斯塔林对这个问题也怀有极大兴趣，但他思想不保守，不迷信权威，大胆设想，革新实验。他和贝利斯在长期的观察中发现：狗进食后，胃便开足马力，把食物磨碎。当食物进入小肠时，胃后边

的胰腺马上会分泌出胰液并立刻送到小肠，和磨碎的食物混合起来，进行消化活动。那么，食物到达小肠的消息，胰腺是怎样得到的呢？

起初他们认为这个信息是通过神经系统来传递的，于是便设计了一个实验：把一条狗的十二指肠黏膜刮下来，过滤后注射给另一条狗，结果这条狗的胰液分泌量明显增加。两条狗之间没有神经联系，这个实验结果却否定了他们的"神经系统传递信息"的设想。究竟答案在哪里呢？

他们又经过两年的仔细观察和研究，终于在1902年解开这个迷。原来，在正常情况下，当食物进入小肠时，由于食物在肠壁摩擦，小肠粘膜就分泌出一种数量极少的物质进入血液，流送到胰腺，胰腺接到消息后，就立刻分泌出胰液来。接着，他们把这种物质提取出来，并注入到哺乳动物的血液中，发现即使这一动物不吃东西，也会立刻分泌出胰液来，于是，他们便给这种物质命名为"促胰液素"。

斯塔林并不满足于已有的成就，继续对激素深入地开展实验研究。他发现，做实验的那条狗注射了另一条

狗的十二指肠黏膜以后，胰液分泌明显增加，同时还会出现血压骤然下降。原因是什么呢？不久，他把黏膜滤液中的组胺与促胰液素分离开来，发现组胺使血管扩张，外周阻力降低，所以有降压作用。这样，终于得到了纯净的促胰液素，使激素的体液调节作用学说更具说服力。

为了给这类数量极少，但有特殊生理作用，可激起物体内器官巨大反应的物质寻找一个新名词来称呼这类"化学信使"，斯塔林于1905年采纳了同事哈代的建议，创用了"hormone"(激素)一词，音译"荷尔蒙"，用来指促胰液素这类无导管腺分泌的特殊化学物质。hormone源于希腊文是"刺激"、"兴奋"、"奋起发动"的意思。从此，便产生了"激素调节"这个新概念。不久，另一位学者庞德又创用了"内分泌"一词。当然，从字义上讲，"激素"这一术语今天看来并不完全令人满意，因为许多激素除了具有兴奋作用之外，还具有抑制作用。

促胰液素是内分泌学史上一个伟大的发现。它不仅使人类发现了一个新的化学物质，而且发现了调节机体功能的一个新概念、新领域，动摇了机体完全由神经调节的思想。它的发现表明：除神经系统外，机体还存在着一个通过化学物质的传递来调节远处器官活动的方式，即体液调节。

## 白细胞免疫的秘密

19世纪末20世纪初，巴斯德发现了细菌，人们对他的细菌引起疾病的理论深信不疑。同时代的俄国生物学家梅契尼科夫却有一个问题大惑不解：同一种微生物为什么能使一部分人或动物得病，而不能使另一部人或动物得病？当时没有人能解释清楚。

俄国科学家梅契尼科夫致力于免疫学的研究。他对变形虫进行了仔细地观察，发现它们的细胞内有消化现象。他在一次研究海星的幼虫时，竟发现一些白细胞能游走，并吞噬着异物，使本身的创伤愈合。这一发现使他欣喜若狂，他高兴地抓住同事的臂膀说："我发现白细胞的奥秘了！"

后来，经过多次实验证实，如果病原菌数目不多，就可能被白细胞完全吞噬、消灭，机体就不致患病；如

梅契尼科夫

果病原菌数目过多，白细胞就不能全部吃掉它们，机体就会患病或死亡。根据这些研究成果，梅契尼科夫系统地提出了吞噬细胞理论，于1884年发表了他的名著《机体对细菌的斗争》。他在书中说，白细胞就像机体中的流动部队一样，吞噬、清扫着入侵的细菌和其他异物，保卫着机体的健康。

梅契尼科夫的理论震动了整个医学界，但攻击他的人也不在少数。有的权威人物甚至挖苦他说："梅契尼科夫的吞噬理论，会吃掉他自己，让他见鬼去吧！"

梅契尼科夫是一个不达目的誓不罢休的人，他对这些诽谤的回答是："沿着别人的脚印走并不困难，但我要坚定地走自己的路！"法国微生物学家巴斯德十分赞赏和支持他，特地把他邀请到巴黎大学，他成了巴黎大学的教授，并担任了新成立的巴斯德研究院的副院长。从此，梅契尼科夫继续深入地研究他的免疫学，发表了一系列的重要著作，不断地揭示细胞免疫的奥秘。

进入20世纪，梅契尼科夫的理论，赢得越来越多的人的承认，经受住了科学的考验。1908年，他光荣地获得了诺贝尔生理学和医学奖。1912年3月15日，他被公推为法国科学院的外国院士。获得这种荣誉在当时他是独一无二的。

## 抗体的发现

在免疫学发展的早期，人们应用细菌或其外毒素给动物注射，经一定时期后，用体外实验证明在其血清中存在一种能特异中和外毒素毒性的组分称之为抗毒素，或能使细菌发生特异性凝集的组分称之为凝集素。其后

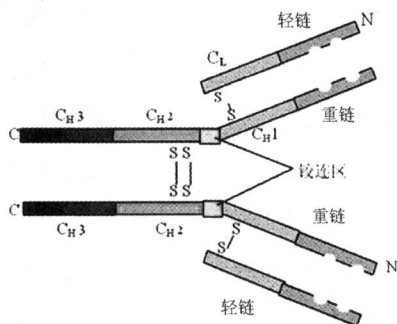

## 抗体结构

将血清中这种具有特异性反应的组分称为抗体，而将能刺激机体产生抗体的物质称之为抗原，由此建立了抗原与抗体的概念。在这个过程中有很多人都作出了贡献。

1891年，德国学者贝林和日本学者北里应用白喉抗毒素治疗白喉取得了成功，开创免疫血清疗法，提到"抗毒素"的血清治疗，使得抗原，抗体概念逐步形成，贝林和北里于1901年获得诺贝尔生理学奖。

19世纪末的德国学者欧根·埃利希，提出的体液免疫理论和抗体生成侧链学说，创造了主动免疫、被动免疫、抗体、补体、受体、类毒素、侧链等术语，他的这项研究获得了1908年诺贝尔生理学或生物学奖。

20世纪40年代初期，蒂塞利乌斯和康柏特通过电泳证实了抗体活性与血清丙种球蛋白组分相关。他们用对肺炎球菌多糖免疫的家兔，可获得高效价免疫血清。然后加入相应抗原吸收以除去抗体，将去除抗体的血清进行电泳图谱分析，发现丙种球蛋白（γ-G）组分明显减少，从而证明了抗体活性是存在于丙种球蛋白内。

其后，他们对不同免疫血清进行电泳分析，超速离心分析和分子量测定等方法，发现大部分抗体活性存在于γ球蛋白内，但有小部分抗体活性可存在于β球蛋白内。它们的离心常数分别为7S和9S，分子量分别为16万和90万。因此它们分别被命名为7Sγ球蛋白分子（16万）19S，β2巨球蛋白分子(β2M，90万)和β2A球蛋白分子，所以从早期对抗体性质的研究证明抗体不是由均质性球蛋白组成，而是由异性球蛋白组成。蒂塞利乌斯由于研究电泳和吸附分析血清蛋白而获得了1948年度诺贝尔化学奖。

1972年，美国科学家埃德尔曼和英国科学家波特因为阐明了抗体的本质和化学结构而获得诺贝尔生理学奖，他们各自发表了对抗体分子构造基本研究成果，他们皆将抗体分解成小片段来观察。波特主要致力于将抗

体中负责与外来抗原结合的部分从抗体中分开，他发现可利用酶——木瓜蛋白，将抗体分成三部分，其中包含了两个较小且相似的片段，可与抗原特异地结合，其他方面也有几乎相同的性质；另外一片段欠缺活性，但保持原来的抗体分子具有生物学上的性质。

埃德尔曼将抗体分子假定与其他各种蛋白质一样，由一些多肽链所构成，而他认为多肽链间最可能以硫键结合在一起，所以他试图将这些键打断来观察其中的各条多肽链，结果他发现这些氨基酸链单独存在时都不具有任何抗体的功用。

后来，他们两人终于证实：抗体是由四条多肽链，就是两条同样的轻链和两条同样的重链所构成，并全部集合成一个Y字形，其Y字上半部之V字形的两边，分别由一条轻链及一条重链的上半部所组成，负责与外来的抗原结合，Y字的下半部则包含了两条重链的下半部；其实抗体有多种不同的种类，每一种都具有其不同的功能与特性，但是它们全部都具有上述所说的分子形态。波特综合这些结果提出抗体分子的标本，后来被证实具有非常的正确性。

1968年和1972年世界卫生和国际免疫学会联合会的专门委员会决定，将具有抗体活性或抗体相似的球蛋白统称为免疫球蛋白。

抗体对人体有保护作用，对抗体的发现和研究，是免疫学开展的基础，揭开了人类防治各种疾病的序幕。

## ABO血型系统的发现

血型是对血液分类的方法，通常是依据是红细胞表面是否存在某些可遗传的抗原物质对红细胞进行分类。

抗原物质可以是蛋白质、糖类、糖蛋白或者糖脂。通常一些抗原来自同一基因的等位基因或密切连锁的几个基因的编码产物，这些抗原就组成一个血型系统。

人类最早认识的血型系统是ABO血型系统。1902年，奥地利维也纳大学病理研究所的卡尔·兰德施泰纳发现，健康人的血清对不同人类个体的红细胞有凝聚作用。如果把取自不同人的血清和红细胞成对混合，可以分

卡尔·兰德施泰纳

为A、B、C（后改称O）三个组。后来，他的两个学生又发现了第四组，即AB组。

人类的血液内有以下的抗原、抗体，组成不同的血型：

A型血的人红细胞表面有A型抗原；他们的血清中会产生对抗B型抗原的抗体。一个血型为A型的人只可接受A型或O型的血液。

B型血的人跟A型血的人相反，他们红细胞表面有B型抗原；血清中会产生对抗A型抗原的抗体。血型为B型的人亦只可接受B型或O型

的血液。

AB型血的人的红细胞表面同时有A型及B型抗原；他们的血清不会产生对抗A型或B型抗原的抗体。因此，AB型血的人是"合适受血者"。但他们亦只可捐血给同样血型的人。

O型血的人红细胞表面A或B型抗原都没有。他们的血清对两种抗原都会产生抗体。因此，O型血的人是"合适捐血者"。但他们亦只可接受来自同样血型的血。例如，O型的人只能接受O型的血。

基本上，O型是世界上最常见的血型。但在某些地方，如挪威、日本，A型血型的人较多。A型抗原一般比B型抗原较常见。AB型血型因为要同时有A及B抗原，故此亦是ABO血型中最少的。ABO血型分布与地区及种族有关。

ABO血型的发现开创了免疫血液学、免疫遗传学等新兴学科，对临床输血工作具有非常重要的意义。血型系统也曾广泛应用于法医学以及亲子鉴定中，但目前已经逐渐被更为精确的基因学方法所取代。

## 胰岛素的发现

说起胰岛素的发现，人们一定会想起加拿大医生班廷的故事。

班廷，1917年毕业于加拿大多伦多大学医学院。作为一名医士官参与"一战"，因伤退役后，在小城伦敦（位于加拿大）开了个小诊所，并在当地西安大略大学的医学院得到一个兼职教学的工作。1920年的某一天，他为了讲授胰脏生理和糖尿病正在煞费心思地准备讲稿，写着写着，感觉得自己掌握的材料太少了，比如糖尿病的发病机理和胰脏的关系，几乎是一无所知。班廷是喜欢深究的学者，认真的态度驱使他走向资料室去查找所需要的资料，终于在最新的医学期刊中找到了关于糖尿病的文章，了解到糖尿病与胰腺的作用存在着某些关系。

当时，人们了解糖尿病是由于胰腺存在缺陷，造成糖分不能在血液中进行充分的新陈代谢，同时，也妨碍蛋白质和脂肪的代谢作用，最后使体内的糖分积累起来，并由尿中排出，引起糖尿病。

夜晚，班廷独自思考，胰腺中是否有某种特殊的物质在起作用而促进糖分的新陈代谢？如果缺少了这种物质，代谢减缓，人就会患病。

其实，在班廷找到这种物质以前，世界上许多科学家知道糖尿病同胰岛有关，并且推测胰岛能分泌某种影响血液浓度的物质，这种未知的物质被叫做胰岛素。他们都想从胰脏中提取胰岛素，用来医治糖尿病，但是都失败了。

班廷决心从糖尿病的发病原因里找出胰岛素，弄个"水落石出"。他首先征得学校系主任的同意，回多伦多大学搞实验，那里还有一位糖尿病专家麦克劳德教授可以帮助他搞研究。

在研究工作中，班廷有个得力助手贝斯特，1921年开始跟随班廷搞试验时，是一位年仅21岁的医科大学

班廷

生。他们用狗做试验，方法是把狗的胰腺结扎起来，随时分析狗的血液和尿液中的糖分变化，试验结果表明，把胰腺切除的狗最后死于糖尿病。与此同时，他把正常胰腺中提取出来的分泌物，再注射到切除胰腺的快要死去的狗身上，狗又复活了。后来停止注射这种分泌物，狗真的死了，这就证明，胰腺中确实有一种能够治疗糖尿病的物质。

后来，经过大量的试验，班廷从牛的胰脏中，利用加酸的酒精直接提取胰岛素。为了尽快使用胰岛素来治病，班廷想到世界上患糖尿病的人，成千上万，多么需要一种有效的药物来救活他们，于是他毅然决定把牛身上提取的胰岛素，先给自己打一针，随后又给助手贝斯特注射一针。过了一会，觉得没有危险，在人体上应用是安全的，才开始给糖尿病人治疗。据说，第一个得益者是班廷的同窗好友，他患有严重的糖尿病，当经受住第一次注射试验后，他觉得病情有所好转，随后又按照一定的标准剂量注射一段时间后，成了第一位用班廷的胰岛素治愈的糖尿病人。

从此，千千万万的糖尿病人因为有了胰岛素，才能用它治愈了疾病，解除了痛苦。这是1921年到1922年的事，1923年，班廷和麦克劳特因为这

一伟大发现而获得诺贝尔生理学和医学奖。

科学是不断发展的。现在，人体已经清楚地知道，一个人在胰岛素分泌不足时，血液中血糖的含量就会升高，随着尿液排出，形成糖尿病；相反，在当胰岛素分泌过多时，又会使血糖的浓度下降，产生低血糖症。胰岛素过多或过少都会引起体内糖代谢的紊乱。胰岛素的发现，不仅为糖尿病人提供了有效药物，而且推动了蛋白质化学的研究工作。

世界上千百万糖尿病人需要胰岛素为他们解除痛苦，胰岛素的需求量就可想而知了。为了满足医疗上的需要，科学家们开始研究胰岛素的结构，并研究人工合成胰岛素的方法。

后来，人工合成胰岛素的方法越来越成功，从动物胰岛素到人胰岛素都被人工合成成功了，越来越多的糖尿病患者不必再忍受痛苦。

## 青霉素的发现

科学研究中，偶然的现象时有发生，经过科学家的继续钻研，某些偶然现象确实成了重要发现的机遇，在科学发现史上留下了不少有趣的故事。青霉素的发现，在科学发现史上

**弗莱明和他的青霉素**

也算是一个典型的例子。

1928年，在伦敦赖特生物研究中心，为了探索机体防御因子抵抗病原菌致病因子的作用机理，寻找一条制服病原菌的新路子，细菌学家弗莱明正在进行着细菌学的培养试验。他对葡萄球菌似乎更感兴趣，因为这种菌分布广、危害大，一般的伤口感染化脓主要就是由于它们在作祟。第一次世界大战期间，许多士兵受伤后，由于受这种病菌的感染且无药医治，而夺去了他们的生命。为此，他很想找出一种能抵制葡萄球菌的物质。

葡萄球菌被培养在扁圆形的玻璃皿里，温度和培养基等条件的改变都可影响葡萄球菌的生长，弗莱明就不时地用显微镜观察它们的变化。

实验室里杂乱无章，一般来说，空气中总是飘浮着各种各样微生物，有时会在打开器皿盖时的刹那间落进培养皿里，自由自在地生长繁殖，破坏微生物培养试验的正常进行。

这种外来微生物污染培养皿的情况，在许多微生物实验室里都发生过。不过弗莱明的实验室的卫生条件更差，而且他还有一个习惯，经过初步观察研究后的培养皿，不是马上进行清洗处理，而是常被搁置一边，过了一段时间后再去看看有没有发生什么新的变化。

9月的一天，早上，他打算照例先察看一下培养皿，然后用实验器具按照常规操作方法，打开培养皿蘸取细菌菌落时，发现一个培养皿被空气中的霉菌污染了。在过去这种情况时有发生，最简单的处理办法是倒掉，重新清洗培养皿再来培养。但他仔细地观察起来，因为他发现在长满金黄色葡萄球菌的器皿中，长出了一些青色的霉斑，霉斑的周围出现了一小圈透明的区域，原先生长在这里的金黄色葡萄球菌菌落全部都消失了。他十分惊讶：为什么这种霉菌能把葡萄球菌杀死呢？

弗莱明马上意识到自己可能发现了某种重要现象。"是什么引起我的惊奇？就是在青霉素的周围相当宽阔的区域里，具有强烈致病力的金黄色葡萄球菌被溶化了，从前它长得那么茂盛，如今只留下一点枯影。"为什么？他推测这很可能是由于青色霉菌分泌的某种杀菌素把葡萄球菌杀死了。

他回想起1921年发现溶菌酶的一次偶然事件。开始，他并不寻找溶菌酶，只是当空气中的污染物在培养皿中形成菌落后，当他俯身检查菌体时，由于重感冒，不小心让鼻涕滴在菌落上，这样一来，本当以为实验不能进行下去了，奇怪的是，他发现鼻涕居然分解了菌落。这说明鼻涕中有能杀死菌体的物质，进一步实验证明弗莱明的猜测完全正确。由鼻粘膜分泌出的粘液含有一种抗菌物——溶菌酶。

现在又发现比溶菌酶更强大的霉菌，如果能培养出来，不就是一种能治葡萄球菌的药吗？于是，他决定立即对这种霉菌菌种进行鉴定，从培养皿中刮出一点培养基放到显微镜下观察，发现它们是属于真菌一类的丝状菌，同腐烂的蔬菜、水果、肉食以及面包、奶酪上的霉菌是一家子。

接着，弗莱明又把剩下的霉菌分离出来，放到一个装满营养液的罐子里培养。几天之后，青霉菌旺盛地生长繁殖，同时往培养液里释放出一种物质，把本来的清液染成了淡黄色。更有意思的是，滤去青霉菌之后，这种淡黄色的液体依然具有与存在青霉菌时同样的杀菌本领，往装有葡萄球

菌混浊液的瓶中加进一点青霉菌的培养液，3小时后混浊液就开始变清，说明葡萄球菌已经被杀死了。于是弗莱明终于作出了结论，他在他的实验记录本上写道："这表明在霉菌培养液中包含着对葡萄球菌有溶菌作用的某种物质。"这种物质是青霉素在生长过程中的代谢产物，英文名称音译为盘尼西林，中文名称青霉素。

弗莱明发现青霉素以后，穷追不舍，一方面培养青霉菌，另一方面开展动物试验，发现青霉菌对葡萄球菌、链球菌、肺炎球菌有抑制能力。进一步的实验研究还表明，青霉素对很多传染病菌有致命的效果，除了葡萄球菌，还能杀死链球菌、白喉杆菌、炭疽杆菌、肺炎球菌等而对人和动物的危害却很小。可以说，这种由青霉菌分泌产生的神奇物质，是人类自发明杀菌药剂以来最强有力的一种，用它来治疗肺炎、败血症、梅毒等都有很好的疗效。

1939年，第二次世界大战爆发，战争给社会带来大量的伤员，当时虽然已经发明了磺胺类药物，但是远远不能满足战事急需。大量的伤病员需要治疗，对消炎解毒防感染的药物的生产和研究也急需跟上。后来，牛津大学一位正在寻找抗菌物质的科学家弗洛里，从文献中查到十年前弗莱明关于青霉菌有良好抗菌作用的报道，随后同生物化学家钱恩等人，向弗莱明要求提供青霉菌株，同时，开始着手提纯青霉菌。

经过一年多的努力，终于利用新技术从青霉菌培养液中分离得到纯净的青霉素，其活力比弗莱明在1928年得到的要高出百万倍。1940年，弗洛里和钱恩通过动物试验说明，青霉素能治疗患传染病的白鼠，但是，毕竟产量太少，无法对人体进行临床试验。

1941年，弗洛里和钱恩开始临床试验，第一名受试验者是伦敦的一名警察，因患葡萄球菌引起的败血症，在连续使用青霉素后，病情有了控制，可是在这节骨眼上，青霉素没有了，结果无法挽救警察的生命。

又过了一年，青霉素试用于英国军队的伤病员，取得满意的效果。1943年，英国和美国的工厂开始大量生产青霉素，来满足第二次世界大战中伤病员的医治。1944年，青霉素的应用已经"军转民"，十分普遍了，老百姓也能用上青霉素，尽管青霉素价格昂贵，但只要确实能治好疾病，还是能被人们所接受的。

不仅如此，从青霉素开始，又引起科学家们对新的抗菌素的发现和研究，把千百万病人从死亡线上挽救过来，这对全人类的文明进步是很大的贡献。

1945年的诺贝尔生理学和医学奖授予对研制青霉素有卓越贡献的三位科学家：弗莱明、钱恩和弗洛里。授奖仪式进行到获奖者演说这个节目时，弗莱明坦诚地说："青霉素的发现是一个机遇，我的功绩在于没有忽略这一发现，并且继续追踪它，这是我作为一个细菌学工作者多年追求的目标。"这正是"机遇偏爱有准备的头脑"的真实写照。

## 链霉素的发现

肺结核是对人类危害最大的传染病之一，在进入20世纪之后，仍有大约1亿人死于肺结核，包括契诃夫、劳伦斯、鲁迅、奥威尔这些著名作家都因肺结核而过早去世。世界各国医生都曾经尝试过多种治疗肺结核的方法，但是没有一种真正有效，患上结核病就意味着被判了死刑。即使在科赫于1882年发现结核杆菌之后，这种情形也长期没有改观。青霉素的神奇疗效给人们带来了新的希望，能不能发现一种类似的抗生素有效地治疗肺结核？

1946年2月22日，美国罗格斯大学教授赛尔曼·瓦克斯曼宣布，他的实验室发现了一种可应用于临床的抗生素——链霉素，对抗结核杆菌有特效。与青霉素不同，链霉素的发现是精心设计的、有系统的长期研究的结果。

瓦克斯曼是个土壤微生物学家，自大学时代起就对土壤中的放线菌感兴趣。人们长期以来就注意到结核杆菌在土壤中会被迅速杀死。1932年，瓦克斯曼受美国对抗结核病协会的委托，研究了这个问题，发现这很可能是由于土壤中某种微生物的作用。1939年，在药业巨头默克公司的资助下，瓦克斯曼领导其学生开始系统地研究是否能从土壤微生物中分离出抗细菌的物质，他后来将这类物质命名为抗生素。

瓦克斯曼

瓦克斯曼领导的学生最多时达到了50人，他们分工对1万多个菌株进行筛选。1940年，瓦克斯曼和同事伍德鲁夫分离出了他的第一种抗生素——放线菌素，可惜其毒性太强，价值不大。1942年，瓦克斯曼分离出第二种抗生素——链丝菌素。链丝菌素对包括结核杆菌在内的许多种细菌都有很强的抵抗力，但是对人体的毒性也太强。在研究链丝菌素的过程中，瓦克斯曼及其同事开发出了一系列测试方法，对以后发现链霉素至关重要。

最终获得成功的链霉素是由瓦克斯曼的学生阿尔伯特·萨兹分离出来的。1942年，萨兹成为瓦克斯曼的博士研究生。不久，萨兹应征入伍，到一家军队医院工作。1943年6月，萨兹因病退伍，又回到了瓦克斯曼实验室继续读博士。萨兹分到的任务是发现链霉菌的新种。在地下室改造成的实验室里没日没夜工作了三个多月后，萨兹分离出了两个链霉菌菌株：一个是从土壤中分离的，一个是从鸡的咽喉分离的。这两个菌株和瓦克斯曼在1915年发现的链霉菌是同一种，但是不同的是它们能抑制结核杆菌等几种病菌的生长。

据萨兹说，他是在1943年10月19日意识到发现了一种新的抗生素，也即链霉素。几个星期后，在证实链霉素的毒性不大之后，梅奥诊所的两名医生开始尝试将它用于治疗结核病患者，效果出奇的好。1944年，美国和英国开始大规模的临床试验，证实链霉素对肺结核的治疗效果非常好。它随后也被证实对鼠疫、霍乱、伤寒等多种传染病也有效。

由于瓦克斯曼是这个实验的策划和领导者，1952年10月，瑞典卡罗林纳医学院宣布将诺贝尔生理学或医学奖授予他，以表彰他在发现链霉素的工作中作出的贡献。

## Rh血型系统的发现

1940年，兰德施泰纳又发现了血液中另一个主要特点——恒河猴因子（RhesusFactor），也被读作Rh抗原、Rh因子，因与恒河猴红细胞上的抗原相同得名。他发现每个人的红细胞上只可能有或没有Rh因子，通常会与ABO结合起来，写的时候放在ABO血型后面。例如，一位血液是AB型同时是Rh阳性的人，其血型可以简写为AB+。在血型中，以O+型是最常见。

Rh+，称作"Rh阳性"或"Rh显性"，表示人类红细胞"有Rh因子"；

Rh-，称作"Rh阴性"或"Rh隐性"，表示人类红细胞"没有Rh因子"。

ABO血型中配合Rh因子是非常重要的，错配（Rh+的血捐给Rh-的人）会导致溶血。不过Rh+的人接受

兰德施泰纳

Rh-的血是没有问题的。

和ABO血型系统的抗体不同，Rh血型系统的抗体比较小，可以透过胎盘屏障。当一名Rh-的母亲怀有一个Rh+的婴儿，然后再怀有第二个Rh+的婴儿，就可能出现Rh症（溶血病）。母亲于第一次怀孕时产生对抗Rh+红细胞的抗体。在第二次怀孕时抗体透过胎盘把第二个婴儿的血液溶解，一般称新生婴儿溶血症。这反应不一定发生，但如果婴儿有A或B抗原而母亲没有则机会较大。以往，Rh因子不配合会引起小产或母

亲死亡。以前多数会以输血救治刚出生的婴儿。现在一般会24小时内以抗Rh（＋）的药物注射医治，最常见为Rhogam或Anti-D。每位Rh-的怀孕母亲的婴儿的血型都要找出，如果是Rh+的话，母亲便要注射Anti-D。用意为在母体产生抗体前先将抗原消灭，使母体记忆性B细胞不致记忆并自行产生大量抗体。

华人当中大约每370人才有一个是Rh-，其他都是Rh+。欧洲某些地区则可能七个人便有一个Rh-。

Rh血型系统对输血具有重要意义，以不相容的血型输血可能导致溶血反应的发生，造成溶血性贫血、肾衰竭、休克以至死亡。新生儿溶血症也和血型密切相关。

## 西加毒素的发现

西加毒素中毒遍及全世界的热带、亚热带地区，而大部分局限于真正热带地区的海岛。西加毒素中毒为一种热带范围的疾病，是由于食入了各种各样珊瑚礁鱼类而引起，因为这些礁鱼吃了海底涡鞭毛植物类，其中有剧毒的冈比甲藻。

在加勒比海地区和南太平洋，西加毒素中毒更广为流行而成为严重的问题。中国南海诸岛以及台湾海峡也发生过多起中毒事件，引起了人们的注意和重视。

分离西加毒素中毒的主要毒素成分是用红色新西兰鲷、鲨鱼以及海鳝作为材料于1967年进行的。1982年提纯的西加毒素毒性已达0.17ug/Kg。西加毒素为一种非结晶无色耐热的固体。西加毒素可以反复用乙醚从水溶性化合物中分离出来。

日本人作了一些定性试验以确定西加毒素可能的功能基团。经化学处理酯、酮、醛、伯胺和仲胺与烯醇功能团后，毒性仍可保留，当化学反应影响烯烃羟基或酰胺后，毒性就丧失，揭示毒性受这些功能团所控制。

西加毒素产生的去极化作用，能被河豚鱼毒素以及细胞外钙离子的浓度增加所阻滞。因此，将西加毒素作为一种药剂以对抗河豚鱼中毒，给我们提出了可能的治疗研究方向。反之，河豚鱼毒素亦可作为西加毒素中毒的可靠的解毒剂。

西加毒素中毒的症状开始为神经

系统和胃肠道症状，而心血管系统的症状也常发生，已报道的西加毒素中毒，或者引起心动过缓并低血压，或者心动过速并高血压。

目前尚无特殊解毒剂对抗西加毒素中毒表现，所以治疗是对症的，仅仅是支持疗法，治疗包括洗胃、葡萄糖酸钙、硫酸镁等。因为钙为一种竞争抑制剂，所以当西加毒素急性中毒时，大量输注钙盐可以使症状改善。

西加毒素中毒的现象近年来有所发展，虽无特殊解毒药物适用于治疗，但对临床症状的认识却增加了，而报道西加毒素中毒也增加了，系统收集西加毒素在加勒比地区和太平洋的流行病学资料已经开始，对西加毒素正在进行更加深入的研究。

## 朊病毒与疯牛病

1996年，对英国人来说，是一个灾难的年份。十几万头牛被宰杀处理掉，一切牛的产品不准出口，英国蒙受了巨大的损失。英国的疯牛病引起了世界人民的恐慌。那么，疯牛病是一种怎样的病呢？

疯牛病的发生，其实首先是在羊中出现的。许多年以前，牧羊人就发现，羊容易得"搔痒病"，羊颤颤巍巍地在墙上或树上挠痒痒，然后过不了多少天就死了。其实，羊并不是身上痒痒，而是它全身发颤，站不稳，想找个地方靠住。由于牧羊人观察得不仔细，就认为羊是在挠痒痒，于是，这种病就叫作羊的瘙痒症。多少年过去了，一直没有受到人们的重视。

英国的牛肉及牛制品在国家的出口品中占有相当的比例。他们为了提高牛肉的产量，将牛的饲料精心配制，在其中加入了羊的骨头。由于没有认真地检验羊是否得了搔痒病，在无意中就把病羊的骨头也喂了牛。这样，大量的牛感染了此病，经过了数年的潜伏期，于1986年，发现了第一例疯牛病。

得了疯牛病的牛，视力模糊，反应迟钝，发呆，走路不稳，最后出现肌肉痉挛而死亡。解剖牛的脑组织发现，神经细胞脱失，脑组织呈海绵状变性。大批的牛出现同一症状死亡，引起了人们的高度重视。从"疯牛病"发生以后，英国出现了一批病

**疯牛病**

人，他们的脑组织也是海绵状变性，而且免疫组织化学反应呈阳性。因此，人们担心人类由于食用患疯牛病的牛肉或其他牛类食品而感染海绵状脑病。这个问题引起了医学界的更加重视，从此进行了深入的研究。

科学家去新几内亚考察，发现当地人流行一种奇怪的病。病人反应迟钝，走路不稳，智力衰退，情感异常，肌肉痉挛，最后进入痴呆，过不了多久就死亡了。发病的人多是当地的妇女、儿童。科学家们非常奇怪，

展开了详细的调查研究。

经过艰苦的试验，他们发现，这种病不是病毒或细菌引起的传染病，那么是什么引起的呢？

当地有个风俗，就是人死了以后，前去吊唁的人要将死者的血摸在脸上，以示对死者的尊重。由于大多数男人要去地里干活，无暇参加这些葬礼，所以，大多数家庭妇女带着孩子去，在葬礼过程中将死者的血摸在孩子和自己的脸上。科学家们发现了这一风俗，与当地的首领协商，取消

这一风俗。结果，这种病的发病率大大下降。因此，科学家们断定是血传染了这种病。于是，科学家们将血液样品带回美国进行研究。

经过几年的研究，科学家们终于发现这种怪病的原因是由一种叫朊病毒的物质传播的，朊病毒病也是英国疯牛病的致病原。

朊病毒的存在被发现以后，人类找到了防治疯牛病的方向。随着科技的发展，朊病毒的发病机制现已清楚了：病人被传染后，第20对染色体短臂上的PRNP基因发生突变，使其蛋白产物变为淀粉样蛋白。这种蛋白可传递给其他动物，使其发生基因突变而发病。这种淀粉样蛋白沉积于脑内，可破坏神经细胞而出现各种临床症状。这种病的病理表现为神经细胞脱失，脑组织呈海绵状变性，胶质细胞增生。

此病的发病年龄平均在60岁左右。早期症状为头晕、视力模糊、记忆力减退、反应迟钝、走路不稳等。以后逐渐出现智能衰退、行为变化、情感异常、视觉障碍，甚至有幻觉、妄想等。一旦出现症状，则病情迅速进展，绝大多数出现肌肉痉挛，最后进入痴呆，平均病程为1～2年，最后往往死于感染。

朊病毒很不容易变性，一般的灭菌条件是杀不死的。在医院中，给病人做手术用过的器械，可用新开启的漂白粉(5%NaOH)浸泡，或用1N(表示浓度的单位)的NaOH浸泡1小时，或置于132℃高压锅内高压灭菌1小时。

我们相信，随着科技的发展，朊病毒 这种可恶的蛋白会很容易治伏的，朊病毒也会被消灭干净。

# 天文发现

　　天文学是观察和研究宇宙间天体的学科，它研究天体的分布、运动、位置、状态、结构、组成、性质及起源和演化，是自然科学中的一门基础学科。天文学在20世纪的发展是空前的。现代物理学和现代技术的发展，使天体物理学成为20世纪天文学的主流，经典的天体力学和天体测量学也有新的发展，人们对宇宙的认识达到了空前的深度和广度。

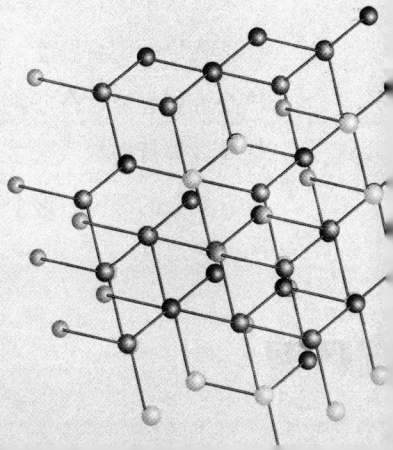

## 白矮星的发现

　　白矮星，也称为简并矮星，是由电子简并物质构成的小恒星。它们的密度极高，一颗质量与太阳相当的白矮星体积只有地球一般的大小，微弱的光度则来自过去储存的热能。在太阳附近的区域内已知的恒星中大约有6%是白矮星。大约在1910年，罗素、皮克林和佛莱明等人就注意到这种异常微弱的白矮星，白矮星的名字是威廉·鲁伊登在1922年取的。

　　白矮星被认为是低质量恒星演化阶段的最终产物，在我们所属的星系内97%的恒星都属于这一类。中低质量的恒星在渡过生命期的主序星阶段，结束以氢融合反应之后，将在核心进行氦融合，将氦燃烧成碳和氧的3氦过程，并膨胀成为一颗红巨星。如果红巨星没有足够的质量产生能够让碳燃烧的更高温度，碳和氧就会在核心堆积起来。在散发出外面数层的气体成为行星状星云之后，留下来的只有核心的部份，这个残骸最终将成为白矮星。

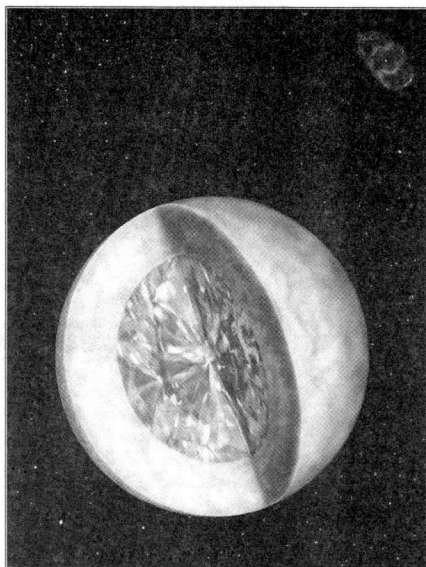

白矮星

　　白矮星通常都由碳和氧组成。但也有可能核心的温度可以达到燃烧碳却仍不足以燃烧氖的高温，这时就能形成核心由氧、氖和镁组成的白矮星。同样，有些由氦组成的白矮星是由联星的质量损失造成的。由于白矮星的内部不再有物质进行核融合反应，恒星便不再有能量产生，也不再由核融合的热来抵抗重力崩溃；它是由极端高密度的物质产生的电子简并压力来支撑。

　　白矮星形成时的温度非常高，但是因为没有能量的来源，因此将会逐渐释放它的热量并解逐渐变冷(温度

降低)，这意味着它的辐射会从最初的高色温随着时间逐渐减小并且转变成红色。经过漫长的时间，白矮星的温度将冷却到光度不再能被看见，而成为冷的黑矮星。但是，现在的宇宙仍然太年轻(大约137亿岁)，即使是最年老的白矮星依然辐射出数千度的温度，还不可能有黑矮星的存在。

白矮星的体积与地球差不多，而它的质量却在0.3～1.44个太阳质量之间。我们知道，太阳质量是地球质量的332000倍。可以想一想，白矮星的密度该有多么惊人了！它的平均密度

钱德拉塞卡

是太阳平均密度的10万倍以上，平均每立方厘米物质重几百千克到几吨。

目前，已发现1000颗以上的白矮星。白矮星的名字是英国著名天文学家爱丁顿命名的。所谓白，意思就是温度高，矮就是指它的身躯矮小，光度低。白矮星的质量在1.44个太阳质量以下。这是由著名天文学家，1983年诺贝尔物理学奖获得者钱德拉塞卡计算出来的。

1933～1937年，钱德拉塞卡在剑桥大学任教，在此期间他提出了白矮星的结构理论。

他认为，在高温高压下，白矮星内部的原子结构分家了，所有的原子核都被挤到一起，所有的电子也集聚在一起，为原子核集体所共有。电子集体构成的简并电子气体，形成一种与原子核引力相抗衡的斥力，从而使白矮星内部处于平衡，保持着稳定。

钱德拉塞卡从量子理论和相对论理论进一步研究白矮星内部结构，推导出一个令人震惊，而又令人信服的结论。即白矮星的质量存在一个上限，为1.44个太阳质量。

1938年8月，国际天文学联合会在巴黎召开学术会议，钱德拉塞卡在

会上全面介绍了自己的白矮星理论，受到学术界广泛承认和好评。后来，不断有别人的研究证实这个理论是正确的。于是，这个上限值就被天文学家们称为钱德拉塞卡极限。

白矮星及其结构的发现，是20世纪天文学的重要理论之一，人们对宇宙星体的演变又有了更进一步的认识。

## 宇宙射线的发现

宇宙射线的迹象在最初用游离室观测放射性时就被人们注意到了，起初曾认为，验电器的残余漏电是由于空气或尘土中含有放射性物质造成的。

20世纪初，人们在实验中发现，空气中存在有来历不明的离子源，无论采取什么样的措施，验电器中的空气都被这种离子电离了。1903年，卢瑟福和库克发现，如果小心地把所有放射源移走，在验电器中每立方厘米内，每秒钟还会有大约10对离子不断产生。他们用铁和铅把验电器完全屏蔽起来，离子的产生几乎可减少十分

赫斯

之三。

他们在论文中提出设想，也许有某种贯穿力极强，类似于γ射线的辐射从外面射进验电器，从而激发出二次放射性。莱特、沃尔夫等物理学家先后采用各种方法进行了试验。他们发现，这种源的放射性与当时人们比较熟悉的放射性相比具有更大的穿透本领。科学家去寻找这些离子是从哪来的？有人猜测，这些离子可能是由外层空间辐射来的。

奥地利物理学家赫斯决心探测这些离子的来源。

在奥地利航空俱乐部的支持下，他设计了一套装置，将密闭的电离室吊在气球下，电离室的壁厚足以抗一个大气压的压差。他一共制作了十只侦察气球，每只都装载有2～3台能同时工作的电离室。

当时的科学水平还不高，技术条件较差，但他不顾个人的安危，常常是独自一个人乘坐气球，将高压电离室带到高空，静电计的指示经过温度补偿直接进行记录。一次气球出了故障，他从高空摔了下来，完全不省人事达20小时。很多人以为他活不过来了，家里人也为他准备后事。但是，奇迹出现了，经医院奋力抢救，第二天他醒过来了，他没有死。

亲友劝他不要再去冒险了，别人以为他再不敢去冒险了。但，他满不在乎地庆幸自己"还活着"，并且为了科学研究，到死亡边缘也不后退，他说："做学问要具备不怕死的精神，而后才能达到理想的境界。"

他在1911年一共做了10次大胆的气球飞行。最高升到5350米高度。他收集到的资料结果表明，从地面开始到大约150米高度，电离是随高度增加而衰减的。但是150米以上的高度，高度增加，电离却显著地增加。还发现，辐射的强度是日夜都相同，所以认为射线不是由太阳照射所产生的。赫斯的探测结果，证明了这些射线是来自太空，不受地球和太阳影响。这种辐射射线，最先称为"赫斯辐射"，1925年正式命名为"宇宙射线"。

赫斯认为应该提出一种新的假说："这种迄今为止尚不为人知的东西主要在高空发现……它可能是来自太空的穿透辐射。"1912年赫斯在《物理学杂志》发表题为"在7个自由气球飞行中的贯穿辐射"的论文。

1914年，德国物理学家柯尔霍斯特将气球升至9300米，游离电流竟比海平面大50倍，确证了赫斯的判断。

赫斯的发现引起了人们的极大兴趣，从那时开始，科学界对宇宙射线的各种效应和起源问题进行了广泛的研究。最初，这种辐射被称为"赫斯辐射"，后来被正式命名为"宇宙射线"。当时，许多物理学家怀疑赫斯的测量，并认为这种大气电离作用不是来自太空，而是起因于地球物理现象，例如组成地壳的某种物质发出的放射性。现在认为，宇宙线是来自宇宙空间的高能粒子流的总称。

后来，赫斯又在高楼、高山和海洋上，进行测量，更进一步证明了宇宙射线的存在。由于这一研究的功绩，1936年他获诺贝尔物理奖。

现代的宇宙线探测有以下两种方式：

直接探测法——$10^{14}eV$以下的宇宙射线，通量足够大，可用面积约在平方米左右的粒子探测器，直接探测原始宇宙射线。这类探测器需要人造卫星或高空气球运载，以避免大气层吸收宇宙射线。

间接探测法——$10^{14}eV$以上的宇宙射线，由于通量小，必须使用间接测量，分析原始宇宙射线与大气的作用来反推原始宇宙射线的性质。当宇宙射线撞击大气的原子核后产生一些重子、轻子及光子($\gamma$射线)。这些次级粒子再重复作用产生更多次级粒子，直到平均能量等于某些临界值，次级粒子的数目达到最大值，称为簇射极大，在此之后粒子逐渐衰变或被大气吸收，使次级粒子的数目逐渐下降，这种反应称为"空气簇射"。地球地表的主要辐射源是放射性矿物，空气簇射的次级粒子是高空的主要辐射源，海拔20千米处辐射最强，100千米以上的太空辐射则以太阳风及宇宙射线为主。

在现代物理学发展史中，宇宙射线的研究占有重要的地位，许多新的粒子都是首先在宇宙射线中发现的。近年来宇宙射线研究取得了很大成就，人们越来越认识到宇宙线和粒子物理、天体物理密不可分，宇宙射线研究已经成为探索宇宙起源、发展历史、天体演化、空间环境等科学之谜的极为重要的途径。

## 发现太阳系在银河系中的位置

我们只要抬头看一看夜空，就可以看到银河系的大致形状，它像是一条暗淡的光带横亘在天空，星星均匀地分布在光带的两侧。这说明银河系是扁平的圆盘状，因为如果银河系不是扁平的圆盘状，它看上去就不会是我们看的样子。比如说，如果银河系呈球状，我们看到的银河系就不会是窄窄的一条光带，而是布满了整个天空；如果我们的位置大大高于或低于圆盘平面，我们就不会看到银河系像

太阳系

925,000,000,000,000,000公里

太阳系

银核

核球

旋臂

太阳系

气体、尘埃

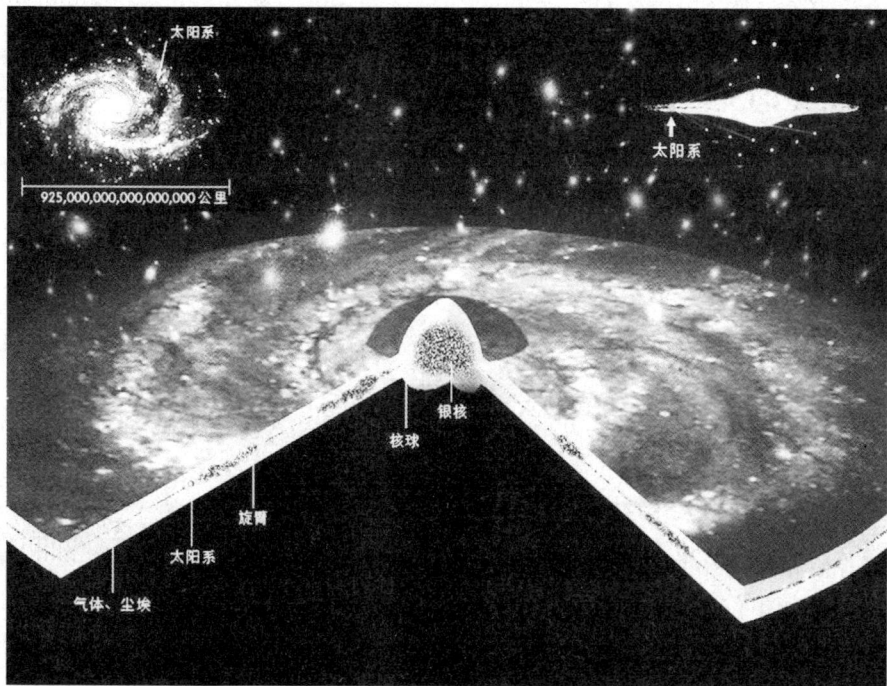

**银河系结构示意图**

光带一样横亘在天空——天空就会显得一半亮一半暗。那么，地球所在的太阳系在银河系中处于什么位置呢？

其实，通过测定我们能够看到的所有星星的距离，可以确定太阳系在银河系中的位置。从19世纪末开始，天文学家们就采取了多种方式来确定太阳系在银河系中的位置。

1918年，美国天文学家沙普利经过4年的观测，在他的论文《关于恒星宇宙结构评论》中指出：太阳系不在银河系的中心，而是在银河系靠

边缘附近，银河系的中心在人马星座方向。

此后的若干年里，天文学家通过射电天文学、光学天文学、红外天文学，甚至X射线天文学等各种技术手段，更精确地测定了银河系螺旋形两翼、气体云、尘埃云、分子云等位置。现代研究得出的基本结论是：太阳系位于银河系螺旋翼内侧的边缘，距离银河系中心大约2.5万光年。用更充分的事实验证了当年沙普利的结论。

# 冥王星的发现

1846年发现海王星以后，一些天文工作者又期望能在海王星轨道外发现未知的行星，并为此付出了很大精力去计算研究和搜索。

1928年，洛韦尔天文台的天文学家斯莱弗提出一个探索海王星轨道外未知行星的计划，并聘用威廉·克莱德·汤博进行检测。

1929年1月15日，年青的汤博来到了洛韦尔天文台被试用。首先学习正规的天文观测基础知识，然后再投入观测。22岁的汤博如鱼得水，发奋学习，全力投入观测。

按照斯莱弗的计划，通过天文望远镜拍摄沿黄道附近的天区，然后将不同日期拍摄的同一天区进行对比，从而在恒星背景中寻找未知行星的踪迹。聪明的汤博已经意识到，如果在海王星轨道外真有一颗未知的行星，那么它一定非常暗弱。同时，它在恒星之间的移动也十分缓慢，辨认它的影迹一定格外困难。有了这些足够的认识，他观测起来就特别仔细认真。

1930年2月18日，汤博发现在双子星座中有一颗"恒星"似乎时隐时现，位置也有极缓慢的变动。汤博感到这是一个不寻常的天体。但是，是不是自己搜索的天体？不敢肯定，还须继续跟踪再认识。又用了一个月跟踪观测，汤博正式提出了这个可疑天体。

经过天文学家们对它的轨道进行计算，确认这个天体正是海王星轨道外一颗新发现的大行星。这项发现犹如大海捞针，仍被汤博捞到了。1930年3月13日，他们宣布了这个发现。这一天，正是洛韦尔诞生75周年纪念日。这颗行星后来取名冥王星。

冥王星的发现不仅在大行星中又增加了一个天体，更重要的是使整个太阳系疆域又向外延伸了约15亿千米。这是牛顿万有引力定律在天文学中的又一次验证。也就是说，冥王星的发现，在天文学、物理学和哲学中都有重要的科学意义。这一历史事件已永载史册。

值得一提的是，冥王星在2006年被降为矮行星，因为人们发现它相对其他行星来说实在是太小了，不符合行星的定义。

## "苏梅克—利维"9号彗星的发现

1994年7月17日~23日，全世界注目的罕见天象——"苏梅克—利维"9号彗星撞击木星。这是史无前例的、惊心动魄的太空事件，给当时目睹这次撞击的人留下了终生难忘的印象。

"苏梅克—利维"9号是什么意思呢？首先，"苏梅克—利维"代表三位发现者的名字：苏梅克夫妇（尤金·苏梅克和卡罗琳·苏梅克）以及戴维·利维。这颗彗星是他们共同发现的第九颗彗星。

尤金·苏梅克是美国著名的地质学家和天文学家。卡罗琳·苏梅克是美国业余天文学家。她受丈夫尤金对科学工作的执著追求影响逐渐热爱天文学。她心细如丝，又能吃苦。当子女们都自立以后，她就积极协助丈夫进行地质考察和天文观测。从1980年起，他们夫妇每月都要有几天到世界著名的海尔天文台附属的帕洛马山天文台去进行天文观测。

尤金和助手进行拍照，卡罗琳则通过立体显微扫视仪检查照相底片的天体影迹。从1983年~1994年，她共发现32颗新彗星，1991年一年就发现了9颗新彗星，成为世界上发现彗星最多和一年里发现彗星最多的两项世界冠军，在彗星史册中形成了"苏梅克家族"，卡罗琳被尊称为"彗星老太太"。

戴维·利维是美国青年业余天文学家，热心彗星观测。他自己家中设有口径20厘米的天文望远镜。他具有丰富的天文观测经验，到1994年，他自己独立发现8颗新彗星，与人合作共发现13颗彗星。其中，从1990年与苏梅克夫妇合作，到1994年共发现9颗彗星。因此，这颗撞击木星的彗星以这三位"彗星猎手"的名字命名，是当之无愧的。

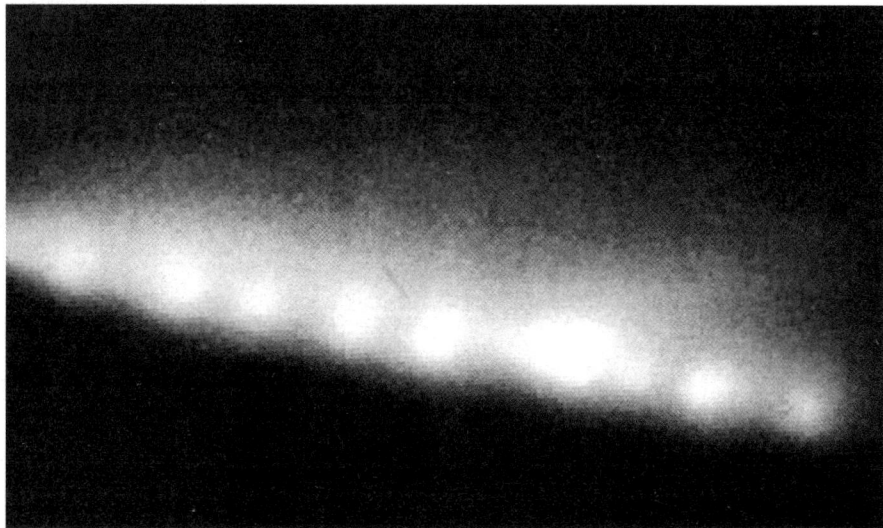

**撞击木星后断裂成碎块的"苏梅克-列维9号"彗星**

1993年3月22日~24日，苏梅克等人在进行天文观测时，天气不太理想。3月25日下午，一向以细致认真而倍受合作者称赞的卡罗琳，在反复检查昨晚的观测底片时，突然发现在众星之间有一个小小长方形的影迹。这是什么东西？是天体？自然不会有长方形的天体；是昨晚因天气不佳，而观测失误？不，两张底片上都出现了这个影迹。它在恒星背景上还略有位移。是人造天体？更不可能。人造天体移动得很快。在困惑之中，卡罗琳脑际闪过一个念头：一颗被"压扁"的彗星。几位观测能手"会诊"后，认为是一颗彗星。

利维立刻通知位于美国亚利桑那的基特峰天文台和位于美国马萨诸塞州的国际天文学联合会天文电报中心，请求给予认证。基特峰天文台的詹姆斯·斯科特于26日晚，通过口径90厘米的望远镜证实这是一颗彗核已分裂的彗星。天文电报中心公布这个发现以后，3月28日，美国夏威夷莫纳克亚天文台认证这颗彗星的彗核已分裂为21个碎块。4月初，哈勃空间望远镜也观测到这个彗核分裂的彗星。人们戏称它为"彗星列车"。

经过轨道计算表明，这是一颗绕木星运动的彗星。即木星族彗星。什么叫木星族彗星？在绕太阳运行的彗

星中，有的彗星的远日点在木星轨道附近。这样的彗星极容易受木星的引力影响，从而改变轨道，甚至变为绕木星运动。

1993年5月22日，美国哈佛一史密松天体物理中心的马斯登等人，宣布了一个震惊世界的爆炸性的新闻：根据他们对这颗彗星轨道的计算表明，它将撞击到木星上。这是人类从未见过的天象。也是破天荒的大胆预报。新闻界一时炒得很热。然而，一些天文学家们却持冷静态度，认为还需再研究。马斯登等人也继续研究和修正他们的预报。撞击时刻的精度从一天，提高到几十分钟。同时，预报出撞击在木星南半球——南纬44度附近，经度在背着地球的一面。预报越发的震动着世界，也打动了持观望态度的天文工作者，几乎得到了全世界天文工作者和天文爱好者的响应，全力投入观测。

计算表明：这颗彗星于1992年被木星俘房，1992年7月8日经过近木点——距木星表面4.3万千米，就是在这时，它被木星引力拉碎。1993年7月14日，它运动到远木点——距木星表面5000万千米。1994年7月17日

至23日，21块彗核将先后撞击到木星上。该彗星绕木星的周期约两年，彗星在空间的分布约500万千米。撞击事件完全如预报一样，撞击时刻的误差仅5～10分钟。要知道，这场撞击是发生在距地球7.7亿千米的行星际空间；两个天体都在运动之中；彗星的质量处于边运动边损失的状态。可见预报的难度之大。这是一次天体级的太空实验。这是天体力学的辉煌成果。

这次全球性的观测活动更是盛况空前。国际上形成了全世界的协调小组，我国是小组成员。这次观测的特点是：全世界的专业观测与广大天文爱好者的观测相结合，我国北京天文台、紫金山天文台、上海天文台和云南天文台等都投入了观测。多种观测手段相结合，包括各种观测可见光的仪器，观测红外、紫外和射电的仪器，还充分利用哈勃空间望远镜和伽利略号探测器等进行空间观测，前后共观测7天以上。

这次撞击事件从发现到观测，整个过程中的最大特点是进行了全面而准确的预报。正如预报一样，撞击过程在木星大气中产生了爆炸，出现了

火球和闪光，在木星大气中形成了黑斑。

彗星撞击木星以后，有记者问卡罗琳："你们已经成了世界名人，今后是不是心满意足，不再观测了？"卡罗琳笑着回答："当然不会！我们都上了瘾，每次有新发现时，那兴奋是没有任何东西可以代替的。"

彗星撞击木星在科学上最重要的三个环节是：发现和确认，轨道计算和撞击预报，全球联合观测。这三者是一个有机的整体，充分显示了当代科学技术的高超水平和广泛合作的成果，是一个完整的认识太空的系统工程，有极鲜明的时代特色。

## 宇宙微波背景辐射的发现

20世纪40年代末到50年代初，先后有几位天文学家和物理学家提出热大爆炸宇宙学说。他们计算出，现在宇宙微波背景辐射存在的低温余热为绝对温度约5度。当时科学界对这种观点没有重视，认为它只是一种设想。随着科学技术的突飞猛进，到了20世纪60年代初期，美国、前苏联和

英国等一些国家的科学家认为，应该探索宇宙微波背景的余热辐射。美国普林斯顿大学的迪克等人便开始设计制造这种探测的仪器。

1964年春，在美国新泽西州的世界著名的贝尔电话实验室，有两位获得博士学位的青年研究人员彭齐亚斯和威尔逊。他们参加接收美国"回声号"人造地球卫星反射通讯讯号的天线调试工作。这是一架接收微波信号的喇叭形天线，口径达6米多。要利用卫星进行通讯，首先需要有高灵敏度的接收系统，并要搞清来自地球大气、地面和来自天体的各种干扰通讯的噪声。

为了检验这台天线的低噪声接收性能，他们发现总能接收到一种难以消除的微波噪声。这种噪声的特点是：1. 噪声相当明显，并难以消除；2. 没有方向性，各向同性；3. 与地球自转和公转均无关；4. 与恒星天区无关。

1965年初，他们怀疑可能是天线自身的毛病。但是，经过全面的检查清洁之后，噪声依旧。到1965年5月，彭齐亚斯和威尔逊再经过全面分析，排除了地球大气层、银河系和地

彭齐亚斯、威尔逊和他们的喇叭形天线

面的可能性，他们确认这种消除不掉的噪声约相当于绝对温度几度的辐射，很可能是来自于地外太空。

彭齐亚斯和威尔逊毕竟只是搞技术工作的，对宇宙学中的理论探讨还知之甚少。对于他们相距几十千米处的迪克等人的设计制作也一无所知。同样，迪克等人潜心研究的课题已被彭齐亚斯和威尔逊在偶然中捕获，捷足先登，他们也一点都不清楚。

后来，彭齐亚斯从别人那里了解

到迪克小组正抓紧完成此项任务时，他很快与迪克取得了联系。迪克似乎还不相信他们已取得这项偶然发现，派人到贝尔电话实验室去了解，果然都是事实。处于苦苦思索，不得其解的彭齐亚斯和威尔逊，得知是获得了一项宇宙微波背景辐射的新发现，他们又惊又喜。

这项新发现刊登在美国《天体物理学杂志》上，彭齐亚斯和威尔逊合写一篇发现的报道，题目是《在4080兆赫上额外天线温度的测量》。这时，他们还不了解自己发现的噪声在宇宙学中的伟大意义。为说明这个意义，该杂志又特请迪克等人撰写一篇它对天体物理学意义的论文，题目是《宇宙黑体辐射》。

就这样，从现代宇宙学理论的思考，到实地测量发现，终于构成一项完整的现代宇宙学基础，找到了200亿年前热大爆炸后残存的余热辐射，从而支持并验证了热大爆炸宇宙学的理论。

后来，许多科学工作者用飞机、气球和火箭进行宇宙微波背景辐射的再探索，几乎都得出同样的探测值，绝对温度为3K。因此，宇宙微波背景辐射也称为"3K宇宙背景辐射",被列为20世纪60年代天文学"四大发现"之一。

这项发现还解释了一项天文学家们早就探索的问题,那就是深夜的天空为什么不是绝对的黑暗呢?不知你有没有这种观察的体会?夜空不够黑,不是靠星光能解释通的,而是有残存的背景光,这微波背景辐射比可见光的夜天背景强100倍,并超过其他所有波段背景辐射的总合。

## 脉冲星的发现

脉冲星全称射电脉冲星,是一种类型的天体,能发射极其规则的射电脉冲,其中几个还有短节奏的可见光激变、X射线和γ射线。

脉冲星被公认是快速自旋的中子星。中子星是一种几乎整体均由中子组成的极端致密的恒星,其直径仅20千米,甚至更小些。当超新星激烈爆发后,其内核向内坍缩,即形成中子星。恒星表面处的中子衰变成质子和电子,这些荷电粒子从恒星表面释放出来,即进入环绕恒星并随恒星自转

的强磁场之中。这些粒子被加速到接近光速,便产生称为同步加速辐射的电磁辐射。

这种辐射从脉冲星的磁极处以强射束形式被释放出去。磁极并不和自转极吻合一致,因此,脉冲星的自转致使射束旋转摆动。每当脉冲星自转一周,射束便会有规则地扫过地球,这时地面望远镜即可检测出一系列间断的脉冲。

1967年,当时只有24岁的英国剑桥大学女研究生贝尔,和导师休伊什在狐狸座内发现了第一颗脉冲星。他们在3.7米的波长上发现来自狐狸座的、具有极短周期的射电脉冲信号,脉冲周期是1.337秒。不久,又陆续在其他天区发现好几个这种快速脉冲的射电源,后来称为脉冲星。

它是20世纪30年代就预言的中子星。所谓中子星,主要是由一种叫作中子的基本粒子组成超密恒星,它的直径只有10千米左右,自转特别快,周期性地发出脉冲。

除此之外,脉冲星还具有许多独特的性质:

(1)自转特别快,已发现的脉冲星周期都在0.002~4.3秒间,而且

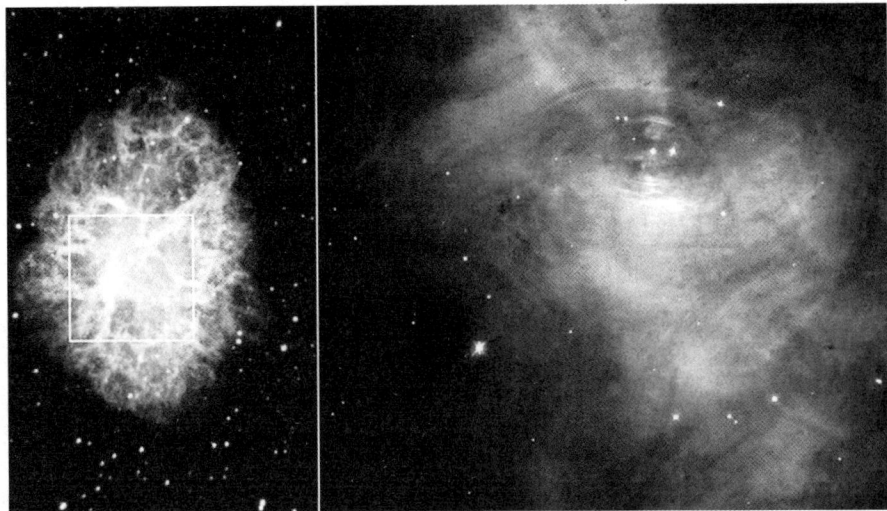

**脉冲星**

非常稳定；

（2）密度特别大，1立方厘米可达1亿吨以上；

（3）温度特别高，表面温度可达1000万摄氏度，相当于太阳中心温度的2/3，而其中心温度竟高达60亿摄氏度；

（4）压力特别高，中心压力可达10000亿亿亿个大气压；

（5）辐射特别强，是太阳的百万倍；

（6）磁场特别强。

现在已普遍认为，脉冲星是有很强磁场的快速自转着的中子星。脉冲周期对应于自转周期。脉冲星辐射的

能量是靠消耗它自身的自转能而来的。随着脉冲星不断地辐射能量，它的自转逐渐变慢，这就是脉冲星周期缓慢变长的原因。

利用脉冲星的周期变率的观测值，可以计算脉冲星的能量损失速率。脉冲星上的能量转化过程是十分复杂的，自转能首先转变为低频的磁偶极辐射（在脉冲星诞生的早期还有引力波），然后再转化为高能粒子的能量和电磁辐射的能量。目前，关于这种能量转化的机制还不十分清楚。观测表明，电磁辐射具有高度的方向性，就像灯塔光束一样，使得脉冲星自转一周就能给出对应的脉冲图样。

半个世纪以来，科学家陆续发现了多颗射电脉冲星。目前发现和编目的脉冲星已达到2000多颗。这些脉冲星在射电、红外、可见光、紫外、X射线和γ射线频谱段具有脉冲辐射性能。其中，十多颗脉冲星具有良好的X射线周期性辐射特性，具有可为星际航天器定位导航的潜能。

X射线脉冲星自转周期范围从几毫秒到10余秒，周期稳定性极好，毫秒级脉冲星被誉为自然界最稳定的时钟。脉冲星的两个磁极各有一个辐射波束，根据星体自转情况，周期性地向航天器上的探测设备发射脉冲信号，从而为那些星际旅行的航天器指引方向。可以说，脉冲星犹如太空之海永不熄灭的灯塔，是天造地设的导航标识。

脉冲星的发现并被证实为中子星，是天体物理学和物理学的一项重大成就。这证实了三十多年前在理论上预言的、一种新型的、由超密态物质组成的恒星的存在。因此，脉冲星的发现被誉为20世纪60年代天文学的四大发现之一，是1974年度诺贝尔奖金的获奖项目。

脉冲星和星际分子、类星体、宇宙微波背景辐射的发现被公认为20世纪60年代天文学上"四大发现"。

## 星际分子的发现

长期以来，天文学家认为，在茫茫宇宙空间里，除了恒星、恒星集团、行星、星云之类的天体物质，再没有什么别的物质了。直到20世纪初，人们还认为星际空间是一片真空。

20世纪30年代，首先发现了第一种星际分子，此后逐渐发现，在星际空间充满了各种微小的星际尘埃、稀薄的星际气体、各种宇宙射线以及粒子流。

1963年，应用射电天文方法，美国科学家发现星际羟基分子（$^-OH$），此后，陆续发现大量星际有机分子云，云中含有各种复杂的有机分子。1968年，天文学家用大型射电望远镜，在银河中心区先后发现了氨（$NH_3$）和水（$H_2O$）的分子。它们的数量很多，在尘埃云的后面，形成体积巨大的"分子云"。不久，天文学家又发现了一种比较复杂

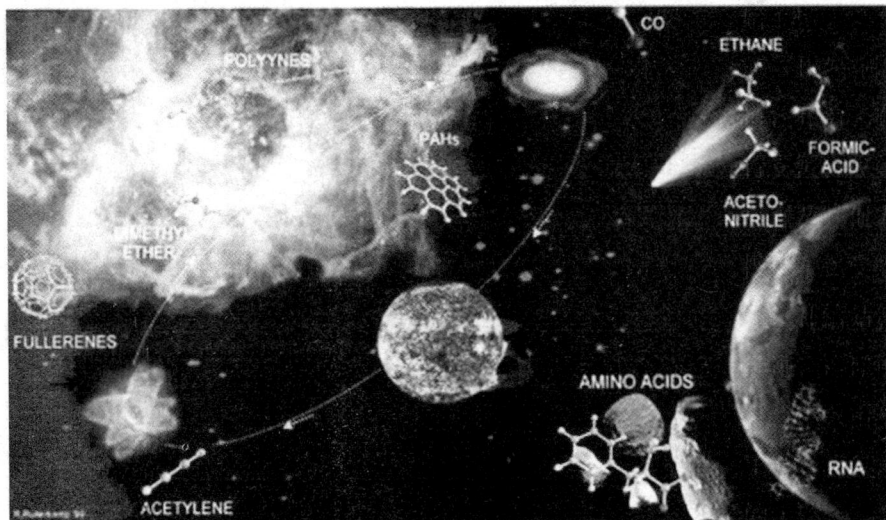

**星际分子**

的有机分子——甲醛（$CH_2O$）。它的分布十分广泛，不仅在银河中心区域有，在猎户座大星云和其他区域也有。

此后，人们在宇宙太空中又陆续发现了更多的星际分子，其中有无机分子，也有有机分子。例如，羟基、一氧化碳、氰化氢、甲醇、乙醛、丙炔腈、甲胺等等。

星际分子的发现，在天文学研究上具有极为重要的意义。我们知道，构成生命的基础——蛋白质的主要成分是氨基酸分子。它是一种有机分子，尽管人们还没有在宇宙太空中直接观测到氨基酸分子，但是，科学家在地面实验室里用氢、水、氧、甲烷及甲醛等有机物，模拟太空的自然条件，已合成几种氨基酸。而合成氨基酸所用的原材料，在星际分子云中大量存在。

不难想象，宇宙空间也一定存在氨基酸的分子，只要有适当的环境，它们就有可能转变为蛋白质，进一步发展成为有机生命。据此推测，地球以外的其他星球存在生命物质，甚至可能是有高等智慧的生命物质。使科学家感到困惑的是，有些星际分子竟是地球环境中找不到的，甚至在实验室中也无法得到。

这些地球上的尚不存在的星际分

子，在太空中起什么作用，有些什么物理化学特性，这些问题都还是一个谜。尽管如此，星际分子的发现有助于人类对星云特性的深入了解，可以帮助揭开生命起源的奥秘。星际分子是20世纪60年代天文学四大发现之一。

类星体

## 类星体的发现

诞生于20世纪30年代的射电天文观测技术，具有比光学观测手段更高的分辨率、更大的观测范围。天文学家利用它对深空中的射电源进行研究，并发现射电信号主要是由湍动的气体产生的。部分射电源基本可以被认为来自含有这类气体的天体，如星云、超新星遗迹、远星系等。

然而，有些射电源看上去异乎寻常的小，难以归入此类，被称为射电致密源。随着射电望远镜越来越精密，对射电致密源的观测也越来越清晰，人们开始发现，射电辐射也可能是由单个恒星发射出来的。在英国天文学家赖尔及其同事编制的"剑桥第三射电星表"（3C）中，就有几个明显的射电致密源，如3C48、3C147、3C196、3C273和3C286。

1960年，美国天文学家桑德奇利

用5米口径的望远镜，对这几个射电致密源所在的天区进行了仔细搜寻，发现每个区域中都有一颗恒星——至少在照相底片上，它们看起来与恒星很相似——好像就是射电源的光学对映体。被探测到的第一颗这类恒星是与3C48射电源相关的恒星。分光探测表明，它的光谱中有许多陌生的强而宽的发射线，看不出这些谱线对应何种元素，此事令天文学界大为困惑。

1963年，射电源3C273的光学对映体被确认，它是一个与13星等的恒星类似的天体，其光谱与3C48很相似，同样难以辨认。荷兰天文学家施米特对3C273进行了仔细研究，发现其光谱的6条谱线中有4条的排列方式与氢光谱十分类似，但离氢谱线应该存在的位置太远。

施米特大胆地判断，这些奇怪的谱线并非对应某种未知元素，它就是最普通的氢元素的发射线，只不过

红移得很厉害。根据计算，3C273光谱的红移程度为0.158，即波长宽了15.8%。虽然这么大的红移表示该天体退行速度大得有些难以想象，但它可以很好地把3C273的6条谱线解释为氢、氧、镁的光谱，所以人们很快就接受了这种说法。至此，困扰天文学界三年之久的谜被揭开了。随后，3C48的谱线也得到了确认，它的红移更大，达到0.367——这也难怪人们早先不敢认了。此后发现的其它同类天体光谱也是如此，只要假设存在巨大红移，便可轻易地解释其谱线对应何种元素。

这些有关的天体以前早就被人们以光学手段记录下来，并被认为是银河系中普通的暗弱恒星，实际上它们是强射电源。详细的拍照研究表明，射电致密源虽然在照相底片上看起来很像恒星，但终归不是普通的恒星。天文学家把它们命名为"Quasar"，即英文"类恒星射电源"的缩写。

此后，又发现了一些光学性质与3C48、3C273相似的天体，但它们并不发出射电辐射，这类天体被称为蓝星体。类恒星射电源和蓝星体被归为一类，英文名称仍为Quasar，但含义扩大为"类似恒星的天体"，简称"类星体"。这个名字虽有些拗口，却很快就被天文学界接受了。

## 探测火星

火星是地球的近邻，它与地球有许多相同的特征。它们都有卫星，都有移动的沙丘、大风扬起的沙尘暴，南北两极都有白色的冰冠，只不过火星的冰冠是由干冰组成的。火星每24小时37分自转一周，它的自转轴倾角是25度，与地球相差无几。

人类第一次对火星的探测是由水手4号飞行器在1965年进行的。人们接连又作了几次尝试，包括1976年的两艘海盗号飞行器。此后，经过长达20年的间隙，在1997年7月4日，火星探路者号终于成功地登上火星。

火星上有明显的四季变化，这是它与地球最主要的相似之处。但除此之外，火星与地球相差就很大了。火星表面是一个荒凉的世界，空气中二

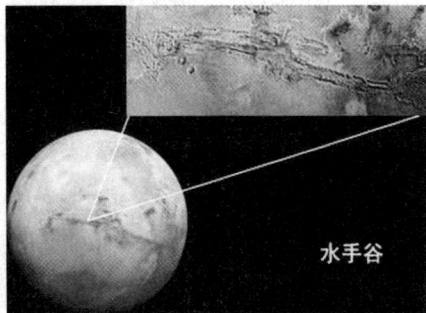

火星表面巨大的"水手谷"

"水手4号" 探测器

氧化碳占了95%。浓厚的二氧化碳大气造成了金星上的高温，但在火星上情况却正好相反。火星大气十分稀薄，密度还不到地球大气的1%，因而根本无法保存热量。这导致火星表面温度极低，很少超过0℃，在夜晚，最低温度则可达到-123℃。

火星的内部结构与地球相似，都有壳、幔和核，但由于数据不完全，火星核的组成和大小仍然未能确定。火星表面有纵横交错的河床。这些河床已经干涸，但它们可能是在远古时期由大量的洪水冲刷形成的。

火星表面常常会扬起的大范围沙尘暴。这些沙尘暴生成于火星南极附近，影响范围约有数百千米。火星表面的水滴状地形，看起来似乎更像是一个个岛屿。环绕着这些岛屿的悬崖高度都在400~600米之间。位于火星南极附近一片大片沙丘。这些沙丘与地球上最大的沙丘一般大小。火星南极有冰盖。这些冰盖至少有方圆

400千米，主要由干冰组成。

火星被称为红色的行星，这是因为它表面布满了氧化物，因而呈现出铁锈红色。火星表面的大部分地区都是含有大量的红色氧化物的大沙漠，还有赭色的砾石地和凝固的熔岩流。火星上常常有猛烈的大风，大风扬起沙尘能形成可以覆盖火星全球的特大型沙尘暴。每次沙尘暴可持续数个星期。

火星表面有一条巨大的"水手谷"。这是一个长约4000千米的巨大峡谷，它是在远古时期的洪水和火山活动的共同作用下形成的。火星上的巨大火山——奥林匹斯山高约2万7千米，是地球最高峰珠穆朗玛峰高度的三倍。它是太阳系中最高的山峰。火星有两个微小的卫星，直径都不到80千米，看起来更像是被俘获的小行星。

一直以来火星都以它与地球的相似而被认为有存在外星生命的可能。科学研究表明，目前还不能证明火星上存在生命，越来越多的迹象表明火星更像是一个荒芜死寂的世界。尽管如此，某些证据仍然向我们指出火星上可能曾经存在过生命。例如，对在南极洲找到的一块来自火星的陨石的分析表明，这块石头中存在着一些类似细菌化石的管状结构。所有这些都继续使人们对火星生命的是否存在保持极大的兴趣。

## 探测木星

木星是太阳系中最大的行星，它的体积超过地球的一千倍，质量超过太阳系中其他八颗行星质量的总和。与其他巨行星一样，木星没有固态的表面，而是覆盖着966千米厚的云层。木星是天文学家在20世纪继探索火星之后又一个热衷探测的对象。

下图是哈勃太空望远镜拍摄的木星照片。图中可以看到在木星南半球有3个连在一起的白色云层，就像是木星上的一条条绚丽的彩带。

木星是一个巨大的气态行星。最外层是一层主要由分子氢构成的浓厚大气。随着深度的增加，氢逐渐转变为液态。在离木星大气云顶1万千米处，液态氢在100万巴的高压和6000K的高温下成为液态金属氢。木星的中央是一个由硅酸盐岩石和铁组成的核，核的质量是地球质量的10倍。

由于木星快速的自转，它有一个复杂多变的天气系统，木星云层的图案每时每刻都在变化。在木星表面可以看到大大小小的风暴，其中最著名

木星照片，其中表面右下就是著名的"大红斑"，左下的黑点就是木卫1

的风暴是"大红斑"。这是一个朝着顺时针方向旋转的古老风暴，已经在木星大气层中存在了几百年。大红斑有3个地球那么大，其外围的云系每4～6天即运动一周，风暴中央的云系运动速度稍慢且方向不定。由于木星的大气运动剧烈，致使木星上也有与地球上类似的高空闪电。

木星共有48颗卫星，犹如一个小型的太阳系。这些卫星性质差异极大，有些是岩质，有些是冰，有些则可能有提供原始生命所需的环境。木星最大的4颗卫星，最初是伽利略在1610年发现并进行研究的，因此这4颗卫星称作"伽利略卫星"。与它们庞大的母行星相比，木星的卫星显得很小。然而，如果拿它们和类地行星相比的话，那它们的尺寸还是相当大的。例如，最大的木卫3直径为5276千米，比水星还要大一些。

岩石质的木卫1是太阳系中最与众不同的一颗卫星。对木星系的探测中最令人惊奇的发现就是木卫1上的活火山，木卫1是除了地球太阳系中唯一一个存在活火山的天体。旅行者号在探测木卫1时，竟发现在木卫1表面有9个火山在同时喷发。喷发物上升的高度达到300千米，喷出物质的速度达到每秒1000米。剧烈的火山活动使木卫1表面覆盖着一层厚厚的硫磺，所以木卫1看起来呈现橘黄色。木卫1的大小和月球相似，相比之下，它背后的木星就是个庞然大物了。

木卫1如此活跃的原因可能是因为它位于木星与木星的另两颗大卫星——木卫2和木卫3的共同引力潮汐作用下，这种类似拔河竞赛似的引力作用常常使木卫1的形状发生大至100米左右的改变。木卫1的表面温度约为零下143摄氏度，在火山喷发时的温度可达17摄氏度，因此，木卫1表面会有大小不一的熔岩湖。这与地球形成初期的情形十分相似。

20世纪对木星的探测，让人类对木星有了更深层次的了解，这也是天文学史上重要的一页。

## 黑洞理论

黑洞是根据现代的物理理论和天文学理论所预言的，在宇宙空间中存在的一种质量相当大的天体。黑洞是

由质量足够大的恒星在核聚变反应的燃料耗尽而死亡后，发生引力塌缩而形成。黑洞质量是如此之大，它产生的引力场是如此之强，以至于任何物质和辐射都无法逃逸，就连光也逃逸不出来，故名为黑洞。

历史上，法国物理学家拉普拉斯曾预言："一个质量如250个太阳，而直径为地球的发光恒星，由于其引力的作用，将不允许任何光线离开它。由于这个原因，宇宙中最大的发光天体，却不会被我们看见"。

现代物理中的黑洞理论建立在广义相对论的基础上。由于黑洞中的光无法逃逸，所以我们无法直接观测到黑洞。然而，可以通过测量它对周围天体的作用和影响来间接观测或推测到它的存在。比如说，恒星在被吸入黑洞时会在黑洞周围形成吸积气盘，盘中气体剧烈摩擦，强烈发热，而发出X射线。借由对这类X射线的观测，可以间接发现黑洞并对之进行研究。迄今为止，黑洞的存在已被天文学界和物理学界的绝大多数研究者所认同。

黑洞是由大于太阳质量的3.2倍的天体发生引力坍塌后形成的（小于1.4个太阳质量的恒星，会变成白矮星）。天文学的观测表明，在很多星系的中心，包括银河系，都存在超过太阳质量上亿倍的超大质量黑洞。

爱因斯坦的广义相对论预测有黑洞解。其中最简单的求对称解是史瓦西解，这是由卡尔·史瓦西于1915年发现的爱因斯坦方程的解。

根据史瓦西解，如果一个重力天体的半径小于一个特定值，天体将会发生坍塌，这个半径就叫做史瓦西半径。在这个半径以下的天体，其中的时空严重弯曲，从而使其发射的所有射线，无论是来自什么方向的，都将被吸引入这个天体的中心。因为相对论指出，在任何惯性坐标中，物质的速率都不可能超越真空中的光速，在史瓦西半径以下的天体的任何物质，包括重力天体的组成物质——都将塌陷于中心部分。一个有理论上无限密度组成的点组成重力奇点。

由于在史瓦西半径内连光线都不能逃出黑洞，所以一个典型的黑洞确实是绝对"黑"的。

目前公认的理论认为，黑洞只有三个物理量可以测量到：质量、电荷、角动量。也就是说，对于一个黑洞，一旦这三个物理量确定下来了，这个黑洞的特性也就唯一地确定了，这称为黑洞的无毛定理，或称作黑洞的唯一性定理。但是，这个定理却只是限制了古典理论，没有否认可能有其他量子荷的存在，所以黑洞可以和

斯蒂芬·威廉·霍金被誉为继爱因斯坦之后世界上最著名的科学思想家和最杰出的理论物理学家。他证明了黑洞的面积定理，即随着时间的增加黑洞的面积不减。

大量单极或是宇宙弦共同存在，而带有大量的量子荷。

黑洞的合并会以光束发射强大的引力波，新的黑洞会因后坐力脱离原本在星系核心的位置。如果速度足够大，它甚至有可能脱离星系母体。

现代天文学对黑洞的分类主要有两种方法：

一种是根据质量分为：

超巨质量黑洞：质量为太阳的数百万至十数亿倍，到目前为止可以在所有已知星系中心发现其踪迹。

小质量黑洞：质量为太阳质量的10～20倍，即超新星爆炸以后所留下的核心质量是太阳的3～15倍就会形成黑洞。理论预测，当质量为太阳的40倍以上，可不经超新星爆炸过程而形成黑洞。

中型黑洞：推论是由小质量黑洞合并形成，最后则变成超巨质量黑洞，中型黑洞是否真实存在仍然存疑。

另一种是根据黑洞本身的物理特性——质量、电荷、角动量等分为：

不旋转不带电荷的黑洞：它的时空结构于1916年由施瓦西求出，又被称为"施瓦西黑洞"。

不旋转带电黑洞：又称R-N黑洞，其时空结构于1916～1918年由Reissner和Nordstrom求出。

旋转不带电黑洞：又称克尔黑洞，其时空结构由克尔于1963年求出。

一般黑洞：称克尔-纽曼黑洞，其时空结构于1965年由纽曼求出。

微黑洞：微黑洞是理论预言的一类黑洞，目前尚无证据支持微黑洞的存在。它们诞生于宇宙大爆炸初期，质量非常小，根据霍金的理论，黑洞质量越小，"蒸发"越快。因此，如果存在微黑洞，那么它们现在一定已经蒸发殆尽了。

# 地理发现

DI LI FA XIAN

　　地理学是研究地球表面同人类相关的地理环境，以及地理环境与人类的关系的一门学科。20世纪，地理学方面有很多理论上的进展，尤其是自然地理和人文地理的发展更是让人们对自己居住的地球产生了更深刻的认识。

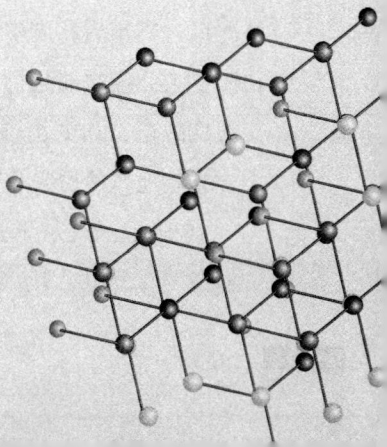

# 北极极点的发现

自从公元870年奥塔第一次绕过纳维亚半岛北端进入北冰洋以来，西方人在探索东北航道和西北航道的同时，一直试图越过北极点而到达东方，这是一条最近的路。遗憾的是直到19世纪末期，探险家们到达北极点的航行都以失败告终。

进入20世纪以后，人类向北极点进军的动机开始发生了明显的变化，不再仅仅看成是借此到达东方的一种手段，而且当成一种体育竞赛和冒险精神的竞争。1909年4月6日，美国探险家罗伯特·皮尔里完成了向北极点的最后冲刺，把美国国旗插在了北极点上。

冲击北极点一直就是皮尔里的一个梦想。1886～1891年，皮尔里两度前往格陵兰岛探险，并试图从那里前往北极。三年后，皮尔里认识到，由格陵兰去北极之路是行不通的。他决定改变战略，到更北的埃尔斯米尔岛上建立基地，然后向北极进军。

1898年，皮尔里乘蒸汽机游艇"迎风"号北上，开始他向北极冲刺的第一次旅行。然而由于主机马力不够，船驶入凯恩海盆就被海冰冻住，无法脱身，他只好临时设营，打算用雪橇滑过400多千米的冰原，去找埃尔斯米尔岛的库格堡，15年前，美国人格里率领的探险队曾在那里建立了营地。

正是隆冬时节，天气非常冷，在他们前往埃尔斯米尔岛的路上，皮尔里由于严重的冻伤，不得不切掉了7个脚趾。探险队无法继续前进，只好返回到船上，一个月后，伤口尚未痊愈的皮尔里就拄着拐杖开始练习走路。在那年北极的整个夏季，皮尔里测绘了格陵兰北部漫长的海岸线，发现了皮尔里地。尽管双脚疼痛难忍，甚至两眼冒金星，他都以惊人的毅力忍受了下来。

在格陵兰最北端，皮尔里细心观察了洋面上的冰山和飘冰。他相信，如果能有预备队交替支援，便可直取北极点。

1905年7月6日，皮尔里得到美国海军的支持，乘"罗斯福"号从纽约起航开始他的第二次北极点冲刺之旅。这艘以罗斯福总统的名字命名的探险船是专门为这次探险而设计的，不仅功率大，而且具有抗冰耐压的性

能。不久，皮尔里到达美国北极探险的第一个基地——爱赫塔村，在此挑选了许多因纽特人作为他的后勤支援队。

"罗斯福"号再度出航，穿过罗伯逊海峡，到达埃尔斯米尔岛北端的哥伦比亚角，从这里破冰前进，行驶150千米后。到达了美国北极探险的第二个基地——赫克尔。

1906年1月19日，第一支援队出发了，他们的任务是沿着去北极点的进和返回时使用。4月2日，皮尔里亲自率领后续队伍开拔。

皮尔里对补给站的安排在北极海区并不适合，因为去北极的路是漂冰不是陆地，漂冰向东漂移的距离在当时是无法估计的，很难保证补给站不会偏离预定路线。而且远征开始不久，他们就遇上了猛烈的暴风雪，气温下降到零下51摄氏度，暴风和寒冷使他们无法前进。尽管皮尔里一再命令队伍向前推进，但天不作美，前方途中到处是冰块雪堆，他们拼尽全力一天只能走几千米，人力物力消耗很大。皮尔里只得放弃征服北极点的计划，下令返回基地。

1908年6月6日，皮尔里乘坐"罗斯福"号开始了他最后一次向北极点

**皮尔里到达北极点**

的搏击。

"罗斯福"号的船长是英国人鲍勃·巴特利特，他凭丰富的航海经验，尽可能驾船向北穿过厚厚的冰层，不久他们抵达了埃尔斯米岛的谢里登角，这里距北极点805千米。皮尔里在此扎营越冬，并着手把补给品向北端的哥伦比亚角转移，为最后赴北极点的探险做准备。哥伦比亚角位于埃尔斯米尔岛的北端，面对北冰洋，距北极点760千米，这是北极探险队最理想的出发点。

1909年3月1日，由24名探险队员和19架狗拉雪橇组成的突击队离开了营地，皮尔里向北极点的进军正式开

始了!

巴特利特船长率先遣队在前开道，乔治·布鲁波率领第二突击队进行支援，皮尔里和他忠实的黑人朋友亨森及其他人员紧随其后。这次向北极进军接受了上次的教训，不再沿途布设补给站，而是各路人马同时向前推进，这样可以避免被漂冰冲散。

不久由于天气变暖，冰面上出现了一条宽达400米的水道，住了雪橇的去路，他们只得临时安营等待。3月11日气温下降，海面封冰如镜，他们赶快乘上雪橇，驶过了这片仅厚30厘米的冰面。到达北纬85°23′处，第二突击队奉命返回。皮尔里此时进展迅速，每天向北前进25千米，不久便追上了巴特利先遣队。3月28日，他们在一块大浮冰上会师。

3月底，他们到达北纬87°46′处，这时距离北极点还有246千米。巴特利特着支援队返回营地，留在最后向北极点冲刺的，是皮尔里、亨森和4名因纽特人。

5架雪橇架着6名探险队员，由40条好狗拉着向北极前进。天公作美，连日晴朗，他们奋勇向前，速度极快。4月5日，他们已经到达北纬89°57′处，离北极点只有大约8千米了。多少年来无数探险家企盼的北极点已经遥遥在望了。

4月6日，皮尔里等人一鼓作气，登上了北极点，这是人类第一次在北极点上留下探险者的足迹！北极点没有陆地，而是结了坚冰的海洋。皮尔里十分激动地在这里插上一面美国星条旗，国旗的一角上写着："1909年4月6日，抵达北纬90°。皮尔里"

## 南极极点的发现

1840年1月19日，美国的威尔克斯和法国的杜维尔在同一天发现了南极洲，但还没有人能够到达南极极点。地球上地理的南北极与地磁的南北极并非在同一地点。根据当时预测，磁南极是在南纬66度、东经146度的地方。为了探测其准确位置，挪威、英国、法国、美国等国各自组织了探险队前往探险。此时历史已进入了20世纪。

1908年，在向南极极点进发的探险中，出现了一场戏剧性的争夺冲向南极点冠军的序幕。竞争的双方是挪威的罗阿勒德·阿蒙森和英国的罗伯特·费肯·斯科特。

斯科特既不是探险家，也不是航海家，而是一位英国皇家海军研究鱼雷的军事专家，他曾在1902年带领一支探险队到南极探险，为他后来向极地进军做了一次预习。

阿蒙森，挪威人，凭着他果敢的意志和勇于为科学献身的精神，于1906年开辟了沟通东西方之间的北冰洋西北航线后，成为赫赫有名的航海探险家。但阿蒙森并不就此满足，他开始向北极极顶进军，在他经挪威政府批准而准备启航时，美国的皮尔里到达北极点的消息传到了。这对于一心想取得这个荣誉的阿蒙森，不能不说是一个很大的刺激，他开始在心里另作打算。

1909年，斯科特宣布要到南极点进行探险，并做各种科学考察。由于斯科特怀疑雪橇在南极探险中的作用，在选择兽力方面，他决定使用西伯利亚矮种马，而不是爱斯基摩狗。他犯了战略错误，这是导致他惨败的重要因素之一。1910年6月，斯科特探险队从伦敦出发，先开往新西兰。

这时的阿蒙森正在"演戏"，他表面假装去北极，宣布他的航行路线从挪威出发，经白令海进入北冰洋，其实，他决定悄悄追赶斯科特，去争

夺冲向南极点的冠军。1910年6月，到达非洲西北部马德拉岛的阿蒙森忽然宣布：他也要去南极。

竞争序幕就这样开始了！

斯科特探险队起点在前，进展却不顺利。他们在罗斯岛建立了越冬基地，利用西伯利亚马牵引的雪橇，拉着全部物资，登上世界上最大的兰伯特冰川。由于马匹不能适应冰川环境，一匹匹跌落冰谷受伤或死亡，在180千米长的冰川上，他们靠人力拖拉雪橇前进，凭着意志和毅力，付出了巨大的代价。他们千辛万苦地越过了冰川，进入极地高原。当他们终于登上极点，欢庆胜利时，突然发现了挪威国旗和阿蒙森探险队留下的帐篷。他们怀着酸楚的情绪在帐篷边竖起了英国国旗，这意味着他们是这场争夺的失败者。

在返回基地的途中，在劳累、饥饿、雪暴的夹攻之下，斯科特探险队的最后三人也倒在冰冷的雪地上。

当8个月后人们发现他们遗体时，同时发现了一个袋子，这是沿途收集到的14千克冰河岩石的地质标本，这是用生命换来的宝贵科学资料。

阿蒙森有丰富的探险经验，他准

**挪威探险家阿蒙森登上南极点**

备了爱斯基摩人的防寒服装，携带了大批食粮，最重要的决定是用狗来牵引雪橇。

西伯利亚马和爱斯基摩狗本身都耐寒，但马在冰川易滑倒，饲料运量也大，虽然牵引力强，但比较之下利小害大；爱斯基摩狗虽然牵引力弱，却耐饥饿，而且一旦断粮，狗可以吃狗肉，人也可以吃狗肉；另外，狗身体小，不易滑跌，互相连在一起，一

旦遇险还可营救，显然利大害小。

最后，他们决定选用50只狗，每10只拉一辆雪橇，由人驾驭。

出发前，他们留下一大批物资在基地贮备，剩下的全装上雪橇，每20千米处留一批，建立辅助基地。这样，越前进，物资运输越少，所有物资食粮都分别安放在沿途的各个辅助基地里。

1911年12月14日，阿蒙森探险

队经过千辛万苦的跋涉，终于在阳光辉映的千古雪原的南极点上，竖起了挪威国旗，成为首批到达南极极点的人。1912年1月25日，阿蒙森探险队顺利返回基地。

为了纪念阿蒙森和斯科特这两位最早征服南极极点的探险家，美国南极极点科学站命名为"阿蒙森—斯科特科学站"，表现了人类永远向自然秘境探索的可贵精神。

## 大陆漂移学说

1912年1月6日，年仅32岁的德国天文学博士和气象学家魏格纳，在莱茵河畔法兰克福城的地质协会上作了题为"从地球物理学的基础上论地壳轮廓的生成"的演讲，紧接着在1月10日，他又在乌尔堡科学促进会上作了题为"大陆的水平位移"的演讲，第一次大胆地提出了"大陆漂移"学说，这一论调震惊四座。

"大陆漂移"学说的灵感来自一幅地图。1910年的一天，魏格纳在地图上查阅地名时，突然，大西洋两岸弯曲得十分相似的地形吸引住了他。才思敏捷的他觉得好奇，顺手拿

剪刀沿着海岸线把地图剪下来，拼合在一起。太巧了，一点缝隙都没有！不仅巴西海岸的大直角突出部分和喀麦隆附近非洲海岸线的凹进部分完全吻合，而且自此以南一带，巴西海岸的每一个突出部分都和非洲海岸的每一个同样形状的海湾相呼应。他想，两块大陆原先要真的连在一起的话，那实在不可思议，因为这意味着有一种无法形容的巨大力量把它们撕裂开来。他觉得不大可能，就把这个念头放弃了。

但是不久，他偶然读到了一篇描述非洲和巴西古生代地层动物相似性的文献摘要。在这篇摘要中，大西洋

**魏格纳**

## 大陆漂移说

两岸远古动物化石的相同或相似被用来证明当时非常流行的"非洲和巴西之间存在陆桥"的说法。例如，在南大西洋两岸发现同样的或十分相似的蛇化石，很显然蛇不能渡过浩瀚的大西洋，因此证明很久以前的南美洲和非洲之间存在一条陆路通道的可能性是相当大的。如果换一种相反的解释，即假设在这两个地区的大部分土地上存在极其相似但又是相对独立的生物进化过程，而这是完全不可能的。这使他兴奋不已。

为了证实自己的想法，他决定从自己熟悉的古生物学和古气候学着手。事实也证实了他的想法，位于欧洲的英国、德国与北美洲之间相隔

着大西洋，但这些地方都有同一种蜗牛。还有一种蚯蚓在欧洲、在中国和日木，都有广泛的分布，但在美国只见于东部，而西部却毫无踪迹。另外，从古代生物化石的研究中也找到了证据，在非洲的东部和南美洲发现了一些两亿年前的爬行动物化石，其中一种叫做中龙兽的淡水小爬虫，在南美的巴西和南非的二叠纪地层中都有发现，但在世界其他地方则从没发现过。还有一种没腿的植物"舌羊齿"，在大西洋位于南半球的两岸晚古生代地层中，广泛分布着它们的化石，这不是同样说明两岸曾相连。

光靠古生物学的发现还不够。魏格纳又从古气候学上和地质学上找到了他的论据。他发现，大西洋两岸不仅物种相同，而且它们的地层衔接一也十分理想。正是有了这一连串有力的证据，他在1912年正式提出了大陆漂移学说，并出版了《海陆的起源》一书，大陆漂移说正式诞生了。

魏格纳认为，地球上原先只有一块大陆，叫泛大陆，外被一片大海——泛大洋包围着。后来，这块大陆分裂开来，不断漂移，越漂越远，

越分越开。终于，美洲脱离了非洲和欧洲，中间留下的空隙就变成了大西洋。非洲有一半脱离了亚洲，而且在漂移过程中，其南端还稍微转动了一个角度，渐渐地与印巴次大陆分开，印度洋就诞生了。另外两块比较小的陆地离开亚洲和非洲，朝南方漂去，这就是澳大利亚和南极洲。大西洋和印度洋的诞生，使原来的泛大洋变小了，成为太平洋。

虽然魏格纳的大陆漂移理论长时间处于理论阶段，但这并不妨碍它的地位，后来的事实证明，"大陆漂移"学说的基本思路都是正确的。

## 海底扩张说

第二次世界大战期间，美国著名的海洋地质学家、普林斯顿大学教授赫斯投笔从戎，参加了美国海军，被授予上校军衔并担任"开普·约翰逊"号舰的舰长。不久，"开普·约翰逊"号舰艇开赴太平洋地区值勤。这位学者型的战舰指挥官对能有这样一次难得机会大喜过望。他决心利用军舰在太平洋游弋的机会，获取一批横越太平洋的测深剖面数据。

赫斯舰长工作起来完全是个学者风度，他指挥军舰横越太平洋，把航线上的数据加以分析整理。在分析这些测深剖面时，一种奇特的海底构造，引起了赫斯的注意：在大洋底部，有从海底拔起像火山锥一样的山体，它与一般山体明显不同的是没有山尖，这种海山顶部像是被一把快刀削过似的，非常之平坦。连续发现这种无头山，让赫斯感到大惑不解。

战争结束之后，赫斯又回到他原先执教的大学工作。他把自己发现的无头海山命名为"盖约特"，以纪念自己尊敬的师长——瑞士地质学家A.盖约特。因为这种海山的顶部均为平坦的，后来人们又称之为"盖约特"，实际上就是人们统称的"海底平顶山"。

这些海底山体和过去发现的海丘山峰均不同，具有一种顶部平坦的特殊形状。山顶部直径为5～9千米，如果把周围山脚计算在内，形成数千米左右的高台；山腰最陡的地方倾斜达32°，再往下形成缓坡，并呈现阶梯状。这是所有平顶山的共同特征。还有一个特点是，平顶海山的山顶至少在海面下183米，也有的在海面下2500米处，一般多在海面

未变形岩石

受力至弹性极限
(b)

应力释放回跳
(c)

地震

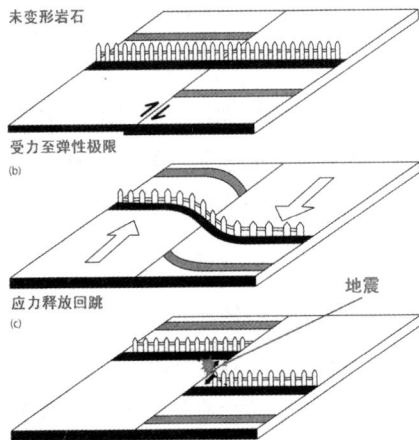

**海底扩张与板块构造**

下1000～2000米之间。这种海底平顶山，在世界大洋中均有发现。

后来的调查证实，海底平顶山曾是古代火山岛，与大洋火山有相同的形态、构造和物质成分。那么，既然是海底火山，为什么又没有头了呢？

赫斯教授的解释是，新的火山岛最初露出海面时，受到风浪的冲击。如果岛屿上的火山活动停息了，变成一座死火山，在风浪的袭击下被侵蚀，失去再生的能力，天长日久，火山岛终于遭到"砍头"之祸，变成为略低于海面具有平坦顶面的平顶山了。

哈利·赫斯教授的研究并没有到此为止。他发现，同样特征的海底平顶山，离洋中脊近的较为年轻，山顶离海面较近；离洋中脊远的，地质年代较久远，山顶离海面较远(深)。最初，人们对这种现象无法解释。到了1960年，赫斯教授大胆提出海底运动假说。

他认为，洋底的一切运动过程，就像一块正在卷动的大地毯，从大裂谷的两边卷动(大裂谷是地毯上卷的地方，而深海底扩张说海沟则是下落到地球内部的地方)。地毯从一条大裂谷卷到一条深海沟的时间可能是1.2亿～1.8亿年。

形象地说，托起海水的洋底像一条在地幔中不断循环的传送带。因为在地球的地幔中广泛存在着大规模的对流运动，上升流涌向地表，形成洋中脊。下降流在大洋的边缘造成巨大的海沟。洋壳在洋中脊处生成之后，向其两侧产生对称漂离，然后在海沟处消亡。在这里，陆地作为一个特殊的角色，被动地由海底传送带拖运着，因其密度较小，而不会潜入地幔。所以，陆地将永远停留在地球表面，构成了"不沉的地球史存储器"。

1962年，赫斯教授发表了他的著名的论文《大洋盆地的历史》。这篇论文被人们称为"地球的诗篇"。其中，赫斯教授以先入之见，首先提出

了"海底扩张学说"。

"海底扩张"说,恰好可以解释当年魏格纳无法解释的大陆漂移理论。我们知道,地球是由地核、地幔、地壳组成的。地幔的厚度达2900千米,是由硅镁物质组成,占地球质量68.1%。因为地幔温度很高,压力大,像沸腾的钢水,不断翻滚,产生对流,形成强大的动能。大陆则被动地在地幔对流体上移动。

形象地说,当岩浆向上涌时,海底产生隆起是理所当然的,岩浆不停地向上涌升,自然会冲出海底,随后岩浆温度降低,压力减少,冷凝固结,铺在老的洋底上,变成新的洋壳。当然,这种地幔的涌升是不会就此停止的。在继之而来的地幔涌升力的驱动下,洋壳被撕裂,裂缝中又涌出新的岩浆来,冷凝、固结、再为涌升流动所推动。这样反复不停地运动,新洋壳不断产生,把老洋壳向两侧推移出去,这就是海底扩张。

在海底扩张过程中,其边缘遇到大陆地壳时,扩张受阻碍,于是,洋壳向大陆地壳下面俯冲,重新钻入地幔之中,最终被地幔吸收。这样,大洋洋壳边缘出现很深的海沟,在强大的挤压力作用下,海沟向大陆一侧发生顶翘,形成岛弧,使岛弧和海沟形

影相随。

海底扩张说的诞生,可以解释一些大陆漂移说无法解释的问题。当年魏格纳的"大陆漂移"学说,被赫斯教授的"海底扩张"学说所代替就是情理之中的事了。20世纪60年代后,被人们一度冷落的"大陆漂移"学说又重新受到人们的重视。

## 板块构造学说

板块构造学说是1968年法国地质学家勒皮雄与麦肯齐、摩根等人提出的一种新的大陆漂移说,是在大陆漂移学说和海底扩张学说的基础上提出的。

板块构造,又叫全球大地构造。所谓板块指的是岩石圈板块,包括整个地壳和莫霍面以下的上地幔顶部,即地壳和软流圈以上的地幔顶部。新全球构造理论认为,不论大陆壳或大洋壳都曾发生并还在继续发生大规模水平运动。但这种水平运动并不像大陆漂移说所设想的,发生在硅铝层和硅镁层之间,而是岩石圈板块整个地幔软流层上像传送带那样移动着,大陆只是传送带上的"乘客"。

1968年,勒皮雄将全球地壳划分

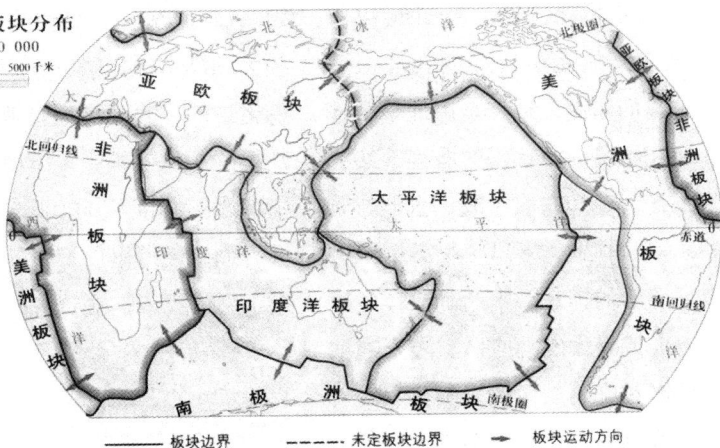

世界六大板块分布
1：250 000 000
0   2500  5000千米

## 全球六大板块

为六大板块：太平洋板块、亚欧板块、非洲板块、美洲板块、印度洋板块（包括澳洲）和南极板块。其中除太平洋板块几乎全为海洋外，其余五个板块既包括大陆又包括海洋。此外，在板块中还可以分出若干次一级的小板块，如把美洲大板块分为南、北美洲两个板块，菲律宾、阿拉伯半岛、土耳其等也可作为独立的小板块。

板块之间的边界是大洋中脊或海岭、深海沟、转换断层和地缝合线。

海岭，一般指大洋底的山岭。在大西洋和印度洋中间有地震活动性海岭，另名为中脊，由两条平行脊峰和中间峡谷构成。太平洋也有地震性的

海岭，但不在大洋中间，而偏在东边，它不甚崎岖，没有被中间峡谷分开的两排脊峰，一般叫它为太平洋中隆。海岭实际上是海底分裂产生新地壳的地带。

转换断层，是大洋中脊被许多横断层切成小段，它不是一种简单的平移断层，而是一面向两侧分裂，一面发生水平错动，是属于另一种性质的断层，威尔逊称之为转换断层。

地缝合线，是指两大板块相撞，接触地带挤压变形，构成褶皱山脉，使原来分离的两块大陆缝合起来的地带。

一般说来，在板块内部，地壳相对比较稳定，而板块与板块交界处，

则是地壳比较活动的地带，这里火山、地震活动以及断裂、挤压褶皱、岩浆上升、地壳俯冲等频繁发生。现代对地震的监测发现，地震几乎全部分布在板块的边界上，火山也多在边界附近，其他如张裂、岩浆上升、热流增高、大规模的水平错动等，也多发生在边界线上，地壳俯冲更是碰撞边界划分的重要标志之一；可见板块边界是地壳的极不稳定地带。

据地质学家估计，随着软流层的运动，各个板块也会发生相应的水平运动。大板块每年可以移动1～6厘米距离。这个速度虽然很小，但经过亿万年后，地球的海陆面貌就会发生巨大的变化。

当两个板块逐渐分离时，在分离处即可出现新的凹地和海洋；大西洋和东非大裂谷，就是在两块大板块发生分离时形成的；当两个大板块相互靠拢并发生碰撞时，就会在碰撞合拢的地方挤压出高大险峻的山脉。位于中国西南边疆的喜马拉雅山，就是三千多万年前由南面的印度板块和北面的亚欧板块发生碰撞挤压而形成的。

有时还会出现另一种情况：当两个坚硬的板块发生碰撞时，接触部分的岩层还没来得及发生弯曲变形，其

中有一个板块已经深深地插入另一个板块的底部。由于碰撞的力量很大，插入部位很深，以至把原来板块上的老岩层一直带到高温地幔中，最后被熔化了。而在板块向地壳深处插入的部位，即形成了很深的海沟。西太平洋海底的一些大海沟就是这样形成的。

根据板块学说，大洋也有生有灭，它可以从无到有，从小到大；也可以从大到小，从小到无。大洋的发展可分为胚胎期（如东非大裂谷）、幼年期（如红海和亚丁湾）、成年期（如目前的大西洋）、衰退期（如太平洋）与终了期（如地中海）。大洋的发展与大陆的分合是相辅相成的。

在前寒武纪时，地球上存在一块泛大陆。以后经过分合过程，到中生代早期，泛大陆再次分裂为南北两大古陆，北为劳亚古陆，南为冈瓦那古陆。到三叠纪末，这两个古陆进一步分离、漂移，相距越来越远，其间由最初一个狭窄的海峡，逐渐发展成现代的印度洋、大西洋等巨大的海洋。

到新生代，由于印度已北漂到亚欧大陆的南缘，两者发生碰撞，青藏高原隆起，造成宏大的喜马拉雅山系，古地中海东部完全消失；非洲继续向北推进，古地中海西部逐渐缩小

到现在的规模；欧洲南部被挤压成阿尔卑斯山系，南、北美洲在向西漂移过程中，它们的前缘受到太平洋地壳的挤压，隆起为科迪勒拉—安第斯山系，同时两个美洲在巴拿马地峡处复又相接；澳大利亚大陆脱离南极洲，向东北漂移到现在的位置。于是海陆的基本轮廓发展成现在的规模。

那么，什么力量驱使板块进行运动呢？

按照赫斯的海底扩张说来解释，认为大洋中脊是地幔对流上升的地方，地幔物质不断从这里涌出，冷却固结成新的大洋地壳，以后涌出的热流又把先前形成的大洋壳向外推移，自中脊向两旁每年以0.5～5厘米的速度扩展，不断为大洋壳增添新的条带。因此，洋底岩石的年龄是离中脊越远而越古老。当移动的大洋壳遇到大陆壳时，就俯冲钻入地幔之中，在俯冲地带，由于拖曳作用形成深海沟。

大洋壳被挤压弯曲超过一定限度就会发生一次断裂，产生一次地震，最后大洋壳被挤到700千米以下，为处于高温熔融状态的地幔物质所吸收同化。向上仰冲的大陆壳边缘，被挤压隆起成岛弧或山脉，它们一般与海沟伴生。现在太平洋周围分布的岛屿、海沟、大陆边缘山脉和火山、地震就是这样形成的。所以，海洋地壳是由大洋中脊处诞生，到海沟岛弧带消失，这样不断更新，大约2～3亿年就全部更新一次。因此，海底岩石都很年轻，一般不超过2亿年，平均厚约5～6千米，主要由玄武岩一类物质组成。而大陆壳已发现有37亿年以前的岩石，平均厚约35千米，最厚可达70千米以上。除沉积岩外，主要由花岗岩类物质组成。地幔物质的对流上升也在大陆深处进行着，在上升流涌出的地方，大陆壳将发生破裂。如长达6,000多千米的东非大裂谷，就是地幔物质对流促使非洲大陆开始张裂的表现。